职业教育计算机网络技术专业
校企互动应用型系列教材

U0289985

Windows Server 2016
系统管理与服务器配置

张寒明　张文库　李茜华　主编

电子工业出版社·
Publishing House of Electronics Industry
北京·BEIJING

内 容 简 介

在本书中，作者总结了多年的计算机网络工程实践及职业院校教学经验，根据网络工程实际工作过程所需要的知识和技能共抽象出 10 个教学项目。本书是按照学习领域的课程教学改革思路进行编写的，是以工作过程为导向，按照项目的实际实施过程，为职业院校、技工院校学生量身定做的教材。本书内容涵盖了 Windows Server 2016 的安装、配置、管理，以及各种网络功能和安全功能的实现。

本书突出对学生职业能力、实践技能的培养，采用项目驱动模式，设计了丰富的典型工作情境下的工作案例，工作案例步骤清晰、图文并茂、应用性强。本书既可以作为职业院校、技工院校计算机网络技术专业一体化教材，又可以作为计算机网络专业相关职业资格考试、网络系统应用相关职业技能等级考试，以及从事网络系统运行与维护人员的参考用书。

图书在版编目（CIP）数据

Windows Server 2016 系统管理与服务器配置 / 张寒明，张文库，李茜华主编．—北京：电子工业出版社，2023.8

ISBN 978-7-121-45148-5

Ⅰ．①W… Ⅱ．①张… ②张… ③李… Ⅲ．①Windows 操作系统—网络服务器—系统管理 Ⅳ．①TP316.86

中国国家版本馆 CIP 数据核字（2023）第 037963 号

责任编辑：罗美娜　　　　　　特约编辑：田学清
印　　刷：三河市君旺印务有限公司
装　　订：三河市君旺印务有限公司
出版发行：电子工业出版社
　　　　　北京市海淀区万寿路 173 信箱　　　　邮编：100036
开　　本：880×1 230　　1/16　　印张：18.25　　字数：375.8 千字
版　　次：2023 年 8 月第 1 版
印　　次：2025 年 1 月第 2 次印刷
定　　价：52.00 元

前言

Windows Server 2016 是稳定的 64 位的服务器操作系统。与之前的版本相比，Windows Server 2016 在安全性、弹性计算、存储成本、应用程序效率和灵活性等方面有显著的改善，在整体操作性上更加贴近 Windows 10。Windows Server 2016 为企业提供了一个安全、可靠、易于管理的高效服务平台。

本书的内容安排以基础性和实践性为重点，在讲述 Windows Server 2016 基本工作原理的基础上，注重对学生实践技能的培养。本书列举了当前网络中流行的网络操作系统，内容涉及操作系统的安装与配置、应用服务器的配置与管理。其目的在于通过学习本书，学生能够掌握计算机网络操作系统的管理技能，理解有关网络操作系统的一系列工业标准。

本书全面、翔实地讲述 Windows Server 的系统管理、服务管理和数据安全管理操作技能等知识，主要内容包括安装与配置 Windows Server 2016，管理本地用户账户、本地组和本地安全策略，配置与管理文件服务器，配置与管理磁盘，配置与管理 Active Directory 域服务，配置与管理 DHCP 服务器，配置与管理 DNS 服务器，配置与管理 Web 服务器，配置与管理 FTP 服务器，综合实训。

本书内容全面、结构清晰、图文并茂，所有操作均可按照屏幕截图分步骤进行，学生可以边看书边上机操作，通过演示操作，更好地理解基础知识。本书的基础知识介绍所占篇幅较少，充分体现了以应用技术为重点。此外，本书中尽量避免讲解高难度的专业理论，这样可以使学生更易上手。

1. 课时分配

本书参考课时共 120 课时，教师在教学时可以根据学生的接受能力与专业需求灵活选择。具体课时参考下面表格。

课时参考分配表

项目	项目名	课时分配		
		讲授/课时	实训/课时	合计/课时
1	安装与配置 Windows Server 2016	4	6	10
2	管理本地用户账户、本地组和本地安全策略	4	6	10
3	配置与管理文件服务器	4	6	10
4	配置与管理磁盘	8	12	20
5	配置与管理 Active Directory 域服务	4	6	10
6	配置与管理 DHCP 服务器	8	12	20
7	配置与管理 DNS 服务器	4	6	10
8	配置与管理 Web 服务器	4	6	10
9	配置与管理 FTP 服务器	4	6	10
10	综合实训	2	8	10

2. 教学资源

为了提高学生的学习效率，方便教师教学，作者为本书配备了教学大纲、电子课件、视频和教案等教学资源，有需要的读者可登录华信教育资源网免费注册后进行下载，有问题时请在网站留言板留言或与电子工业出版社联系（E-mail:hxedu@phei. com.cn）。

3. 本书编者

本书由张寒明、张文库和李茜华担任主编，崔立华、任建辉和刘春亭担任副主编，参加编写的人员还有冯闯和李永剑。本书具体编写分工如下：任建辉负责编写项目 1，刘春亭负责编写项目 2，李永剑负责编写项目 3，张文库负责编写项目 4 和项目 10，李茜华负责编写项目 5，冯闯负责编写项目 6，崔立华负责编写项目 7，张寒明负责编写项目 8 和项目 9；全书由张寒明和张文库负责统稿和审校。

由于编写时间较为仓促，以及计算机网络技术发展日新月异，本书中难免存在一些疏漏，敬请广大读者不吝赐教。邮箱：113506995@qq.com。

目　录

项目 1

安装与配置 Windows Server 2016

项目描述

　　某公司是一家电子商务运营公司，随着业务的拓展和规模的扩大，该公司需要购置几台服务器，公司派网络管理员小彭安装与配置这些服务器。那么如何选择一种既安全又易于管理的服务器网络操作系统呢？因为 Windows Server 2016 是中小企业信息化建设的首选服务器网络操作系统，所以推荐使用微软公司推出的 Windows Server 2016。

　　小彭准备搭建网络实验环境来模拟这些服务器的配置。搭建网络实验环境通常需要有计算机和交换机才能进行，但小彭手头上只有一台计算机，怎么办？多购买几台计算机，凑齐所有设备来搭建，显然不切实际。使用 VMware 虚拟化技术，用户可以在一台计算机上同时虚拟多台计算机，让它们形成一个网络，模拟真实的网络环境。此外，多台虚拟机之间、虚拟机和物理计算机之间也可以通过虚拟网络共享文件，在它们之间复制文件。

　　本项目主要介绍 Windows Server 2016 的发展和应用，以及通过 VMware Workstation 学习 Windows Server 2016 的安装和使用方法，基本环境的配置与网络应用，并完成基本防火墙允许远程桌面访问的配置。项目拓扑结构如图 1.0.1 所示。

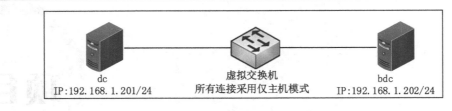

图 1.0.1　项目拓扑结构

知识目标

1. 熟悉不同的虚拟机软件。
2. 了解不同的网络操作系统的功能与特性。
3. 熟悉 Windows 基本环境的配置和应用。
4. 了解防火墙的工作原理和默认状态。
5. 了解远程桌面的作用和实现方法。

能力目标

1. 能够安装主流的虚拟机系统，完成虚拟机系统的创建。
2. 能够独立完成 Windows Server 2016 的安装。
3. 能够实现虚拟机的克隆和快照。
4. 能够完成基本环境的配置。
5. 能够实现 IE（Internet Explorer）增强的安全配置。
6. 能够配置防火墙允许远程桌面访问。

思政目标

1. 崇尚宪法、遵纪守法，打好专业基础，提高自主学习能力。
2. 树立正确使用软件、合理下载软件、安全使用软件、保护知识产权的意识。
3. 激发科技报国的决心。

任务 1.1 ▶ 安装与创建虚拟机系统

任务描述

小彭想学习 Windows Server 2016 安装和使用的方法，现准备使用 VMware Workstation 搭建网络实验环境。

任务要求

为避免对物理计算机造成破坏，通过虚拟机软件安装和管理 Windows Server 2016 是较好的选择，具体要求如下。

（1）准备 VMware Workstation 16 Pro for Windows 安装文件，可以从官网下载其试用版。

（2）安装 VMware Workstation 16 Pro for Windows 应用程序。

（3）创建一台新的虚拟机，具体配置要求如表 1.1.1 所示。

表 1.1.1 安装 Windows Server 2016 的虚拟机的配置要求

项　　目	说　　明
类型	自定义（高级）
客户机操作系统类型	Microsoft Windows 的 Windows Server 2016
虚拟机名称	Server1
存储位置	D:\Server1
内存大小	4096MB
硬盘大小	80GB

任务实施

1. 安装 VMware Workstation 16 Pro

步骤 1：运行下载好的 VMware Workstation 16 Pro 安装包，弹出"VMware Workstation Pro 安装"窗口，在"欢迎使用 VMware Workstation Pro 安装向导"界面中，单击"下一步"按钮，如图 1.1.1 所示。

步骤 2：在"最终用户许可协议"界面中，勾选"我接受许可协议中的条款"复选框，单击"下一步"按钮，如图 1.1.2 所示。

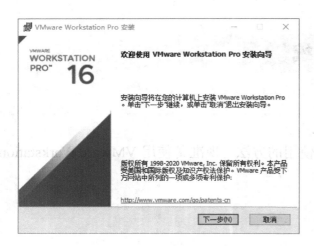

图 1.1.1　安装向导初始界面　　　　　图 1.1.2　"最终用户许可协议"界面

步骤 3：在"自定义安装"界面中，单击"下一步"按钮，如图 1.1.3 所示。

步骤 4：在"用户体验设置"界面中，取消勾选"启动时检查产品更新"及"加入 VMware 客户体验提升计划"复选框，单击"下一步"按钮，如图 1.1.4 所示。

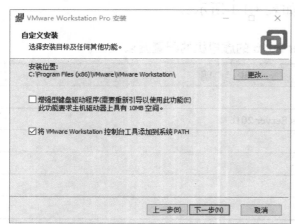
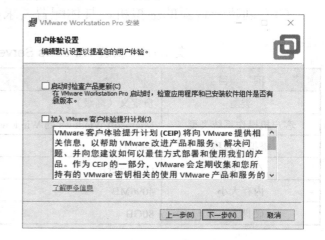

图 1.1.3　"自定义安装"界面　　　　　图 1.1.4　"用户体验设置"界面

步骤 5：在"快捷方式"界面中，选择快捷方式的保存位置，单击"下一步"按钮，如图 1.1.5 所示。

步骤 6：在"已准备好安装 VMware Workstation Pro"界面中，单击"安装"按钮，开始安装软件，如图 1.1.6 所示。

步骤 7：在"正在安装 VMware Workstation Pro"界面中，查看软件的安装状态，如图 1.1.7 所示。

步骤 8：在"VMware Workstation Pro 安装向导已完成"界面中，选择是否输入许可证密钥。若需试用 30 天，则直接单击"完成"按钮；若已经购买软件许可证，则单击"许可证"按钮，如图 1.1.8 所示。

图 1.1.5 "快捷方式"界面

图 1.1.6 "已准备好安装 VMware Workstation Pro"界面

图 1.1.7 "正在安装 VMware Workstation Pro"界面

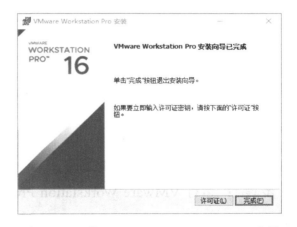

图 1.1.8 "VMware Workstation Pro 安装向导已完成"界面

步骤 9：在"输入许可证密钥"界面中，按照指定格式输入许可证密钥，单击"输入"按钮，如图 1.1.9 所示。

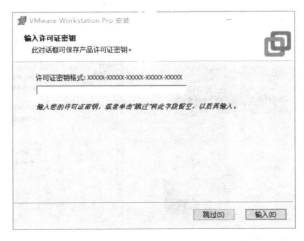

图 1.1.9 "输入许可证密钥"界面

步骤 10：再次出现"VMware Workstation Pro 安装向导已完成"界面，直接单击"完成"按钮。至此，VMware Workstation 16 Pro 安装完毕。

步骤 11：双击桌面上的"VMware Workstation PRO"图标，打开"主页"界面，表示安装完成，如图 1.1.10 所示。

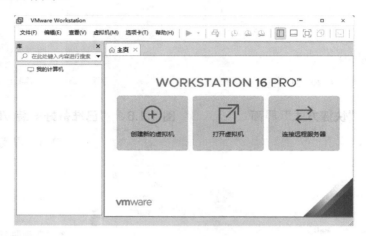

图 1.1.10　"主页"界面

2.　创建虚拟机

1）设置虚拟机默认存储位置

步骤 1：运行 VMware Workstation Pro，选择"编辑"→"首选项"命令，如图 1.1.11 所示。

步骤 2：在打开的"首选项"对话框左侧选择"工作区"选项，并在右侧单击"浏览"按钮或在文本框中手动输入虚拟机的默认位置，本任务设置为"D:\"，设置完成后单击"确定"按钮，如图 1.1.12 所示。

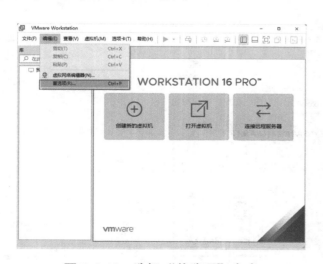

图 1.1.11　选择"首选项"命令

图 1.1.12　设置虚拟机的默认位置

2）创建新的虚拟机

步骤 1：双击桌面上的"VMware Workstation PRO"图标，打开"主页"界面，单击"创建新的虚拟机"按钮，如图 1.1.13 所示。

图 1.1.13　单击"创建新的虚拟机"按钮

步骤 2：打开"新建虚拟机向导"对话框，在"欢迎使用新建虚拟机向导"界面中，选择虚拟机的配置类型，"典型（推荐）"表示使用推荐设置快速创建虚拟机，"自定义（高级）"表示根据需要设置虚拟机的硬件类型、兼容性、存储位置等。在本任务中，应选中"自定义（高级）"单选按钮，单击"下一步"按钮，如图 1.1.14 所示。

步骤 3：在"选择虚拟机硬件兼容性"界面中，单击"下一步"按钮，如图 1.1.15 所示。

图 1.1.14　选择虚拟机的配置类型

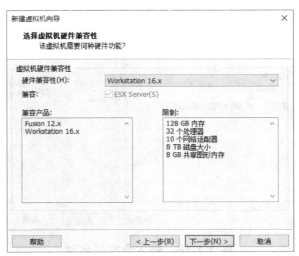

图 1.1.15　选择虚拟机硬件兼容性

步骤 4：在"安装客户机操作系统"界面中，选中"稍后安装操作系统"单选按钮，单击"下一步"按钮，如图 1.1.16 所示。

步骤 5：在"选择客户机操作系统"界面中，选择"版本"为"Windows Server 2016"，单击"下一步"按钮，如图 1.1.17 所示。

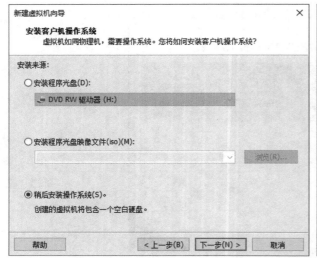

图 1.1.16　设置安装来源

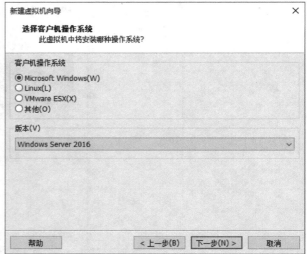

图 1.1.17　选择操作系统版本

步骤 6：在"命名虚拟机"界面中，输入虚拟机名称，本任务使用"Server1"，单击"下一步"按钮，如图 1.1.18 所示。

步骤 7：在"固件类型"界面中，选中"UEFI"单选按钮，单击"下一步"按钮，如图 1.1.19 所示。

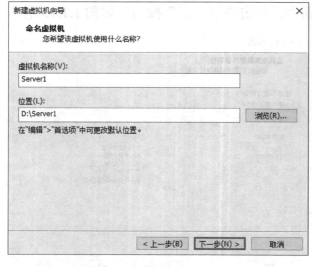

图 1.1.18　输入虚拟机名称

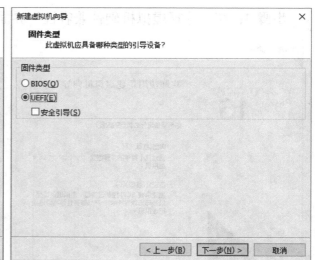

图 1.1.19　选择固件类型

小贴士：

固定基本输入/输出系统（Basic Input/Output System，BIOS）主要负责开机时检测硬件功能和引导操作系统。

统一可扩展固件接口（Unified Extensible Firmware Interface，UEFI）规范提供并定义了固件和操作系统之间的软件接口。UEFI 取代了 BIOS，增强了可扩展固件接口，并为操作系统启动时的应用程序与服务提供了操作环境。UEFI 的主要特点是图形界面，使用 UEFI 更有利于用户对象图形化的操作选择。

步骤 8：在"处理器配置"界面中，设置处理器数量及每个处理器的内核数量，单击"下一步"按钮，如图 1.1.20 所示。

步骤 9：在"此虚拟机的内存"界面中，将"此虚拟机的内存"设置为 4096MB，单击"下一步"按钮，如图 1.1.21 所示。

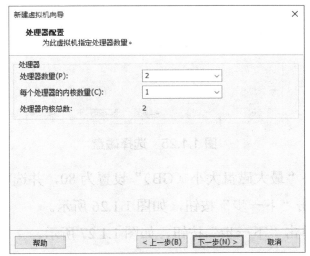 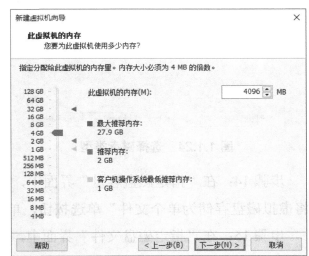

图 1.1.20　设置处理器数量及内核数量　　　　图 1.1.21　设置此虚拟机的内存

步骤 10：在"网络类型"界面中，选中"使用桥接网络"单选按钮，单击"下一步"按钮，如图 1.1.22 所示。

步骤 11：在"选择 I/O 控制器类型"界面中，单击"下一步"按钮，如图 1.1.23 所示。

步骤 12：在"选择磁盘类型"界面中，选中"NVMe"单选按钮，单击"下一步"按钮，如图 1.1.24 所示。

步骤 13：在"选择磁盘"界面中，单击"下一步"按钮，如图 1.1.25 所示。

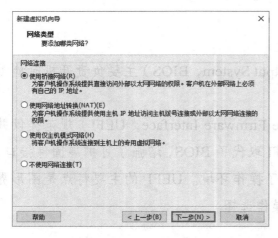

图 1.1.22　设置网络类型

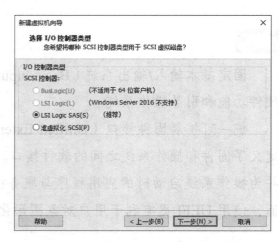

图 1.1.23　选择 I/O 控制器类型

图 1.1.24　选择磁盘类型

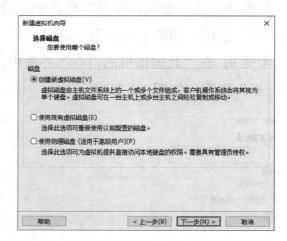

图 1.1.25　选择磁盘

步骤 14：在"指定磁盘容量"界面中，将"最大磁盘大小（GB）"设置为 80，并选中"将虚拟磁盘存储为单个文件"单选按钮，单击"下一步"按钮，如图 1.1.26 所示。

步骤 15：在"指定磁盘文件"界面中，单击"下一步"按钮，如图 1.1.27 所示。

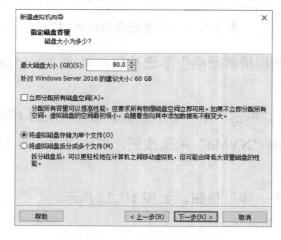

图 1.1.26　选择磁盘容量

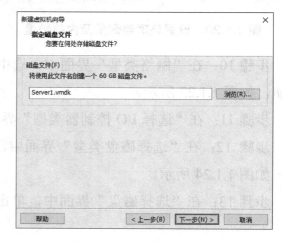

图 1.1.27　指定磁盘文件

步骤 16：在"已准备好创建虚拟机"界面中，单击"完成"按钮，如图 1.1.28 所示。

步骤 17：至此，虚拟机创建完成。图 1.1.29 的"Server1"界面中显示了虚拟机的硬件摘要信息。

图 1.1.28 "已准备好创建虚拟机"界面

图 1.1.29 虚拟机的硬件摘要信息

知识链接

1. 常见的虚拟机软件

目前，虚拟机软件的种类比较多。有功能相对简单的 PC 桌面版本，适合个人使用，如 VirtualBox 和 VMware Workstation；有功能和性能都非常完善的服务器版本，适合服务器虚拟化使用，如 Xen、KVM、Hyper-V 及 VMware vSphere。

VMware 所拥有的产品包括 VMware Workstation（VMware 工作站）、VMware Player、VMware 服务器、VMware ESX 服务器、VMware ESXi 服务器、VMware vSphere、虚拟中心（Virtual Center）等，并因安全可靠、性能优越而著称。其中，大家比较熟悉和了解的是 VMware Workstation，或称为 VMware 虚拟机。

VMware 是一个具有创新意义的应用程序。通过 VMware 独特的虚拟功能，用户可以在同一个窗口运行多个全功能的虚拟机操作系统。此外，VMware 中的虚拟机操作系统直接在 x86 保护模式下运行，可以使所有虚拟机操作系统就像运行在单独的计算机上一样。因此，VMware 在性能上有十分出色的表现。虽然 VMware 只是模拟一台虚拟机，但是它就像物理计算机一样提供了 BIOS，用户可以更改 BIOS 的参数设置。

2. 虚拟机的常用概念

虚拟机（Virtual Machine）是虚拟出来的、独立的计算机，能够仿真模拟计算机的各种功能。虚拟机像真正的物理计算机一样工作，如安装操作系统、安装应用程序、服务网络资源等。

虚拟机系统中的常用术语主要有以下几个。

（1）物理计算机（Physical Computer）：运行虚拟机软件（如 VMware Workstation、Virtual PC 等）的物理计算机硬件系统，又被称为宿主机。

（2）虚拟机：提供软件模拟的、具有完整硬件系统功能的、运行在一个完全隔离环境中的完整计算机系统。虚拟机符合 x86 PC 标准，拥有自己的处理器、内存、硬盘、光驱、软驱、声卡和网卡等一系列设备。这些设备是由虚拟机软件工具"虚拟"出来的。但是在操作系统看来，这些"虚拟"出来的设备也是标准的计算机硬件设备，并将它们当作真正的硬件来使用。虚拟机在虚拟机软件工具的窗口中运行，可以在虚拟机中安装能够在标准 PC 上运行的操作系统及软件，如 UNIX、Linux、Windows 和 NetWare、MS-DOS 等。

（3）主机操作系统（Host OS）：在物理计算机中运行的操作系统，在其基础上运行虚拟机软件（如 VMware Workstation、Virtual PC 等）。

（4）客户机操作系统（Guest OS）：在虚拟机中运行的操作系统。注意，它不能等同于桌面操作系统（Desktop Operating System）和客户端操作系统（Client Operating System），因为虚拟机中的客户操作系统可以是服务器操作系统，如在虚拟机上安装 Windows 10。

（5）虚拟硬件（Virtual Hardware）：虚拟机通过软件模拟出来的硬件系统，如处理器、HDD、内存等。

例如，在一台安装了 Windows 10 的物理计算机上安装了虚拟机软件，此时主机指的是安装了 Windows 10 的这台物理计算机，主机操作系统指的是 Windows 10。如果虚拟机上运行的是 Windows Server 2016，那么客户机操作系统指的就是 Windows Server 2016。

3. 虚拟机的特点和作用

（1）虚拟机可以同时在同一台物理计算机上运行多个操作系统，这些操作系统可以完全不同（Windows 各个版本及 Linux 各个发行版等），这些不同的虚拟机相互独立和隔离，就如同网络上一个个独立的 PC，虚拟机和物理计算机之间也相互隔离，即使虚拟机崩溃了也不会影响物理计算机。

（2）虚拟机可以直接使用物理硬盘也可以以文件（虚拟硬盘）的方式安装。其管理方便，可以非常方便地进行复制、迁移，甚至可以安装在移动硬盘和 NFS 上。虚拟机镜像可以被复制到其他安装了虚拟机软件的计算机上直接使用。目前，虚拟机软件与虚拟硬盘的相互支持也做得越来越好。

（3）虚拟机软件基本都提供了克隆和快照功能。使用克隆功能可以非常快速地部署虚拟机；使用快照功能可以迅速建立备份还原点。

（4）虚拟机之间可以通过网络共享文件、应用、网络资源等，可以在一台计算机上部署多台虚拟机，进而实现只有一台计算机的网络。

任务小结

（1）VMware Workstation 16 Pro 功能强大，安装比较简单。

（2）在虚拟机软件中创建虚拟机系统时，应注意区分典型类型和自定义类型，自定义类型要设置内存、硬盘大小和保存位置。

任务拓展

在计算机上安装 Oracle VM VirtualBox，具体要求如下。

（1）从官网下载最新版的 Oracle VM VirtualBox 软件。

（2）安装 Oracle VM VirtualBox 软件。

任务1.2 安装 Windows Server 2016

任务描述

某公司购置了服务器，需要为服务器安装相应的操作系统，现要求小彭按照任务要求为新增的服务器全新安装 Windows Server 2016。

任务要求

要想全新安装 Windows Server 2016，需要安装介质，并对硬件有一定的要求，需要安装的服务器满足操作系统的硬件需求。此外，安装操作系统还需要对系统安装需求进行详细了解，如应了解管理员账户、密码、磁盘分区情况等。小彭从认识 Windows Server 2016 开始，准备动手实施，具体要求如下。

（1）准备 Windows Server 2016 的 ISO 镜像文件，可以从官网下载。

（2）物理计算机的处理器需支持 VT（Virtualization Technology），并处于开启状态。

（3）使用任务 1.1 中创建的虚拟机系统。

（4）安装 Windows Server 2016，具体参数要求如表 1.2.1 所示。

表 1.2.1 安装 Windows Server 2016 的参数要求

项　　目	说　　明
要安装的语言	中文（简体，中国）
时间和货币格式	中文（简体，中国）
键盘和输入方法	微软拼音
操作系统版本	Windows Server 2016 Datacenter（带有 GUI 的服务器）
安装类型	自定义（全新安装）
安装位置	C:\
分区大小	61440MB
Administrator 的密码	1qaz!QAZ
VMWare Tools	手动安装

任务实施

1. 将安装映像文件放入光盘驱动器

步骤 1：在界面左侧选择"Server1"选项，在右侧"Server1"界面的"设备"选项组中双击光盘驱动器"CD/DVD（SATA）"，如图 1.2.1 所示。

步骤 2：先在"虚拟机设置"对话框的"硬件"选项卡中，选择光盘驱动器"CD/DVD（SATA）"，再选中"使用 ISO 映像文件"单选按钮，最后单击"浏览"按钮，如图 1.2.2 所示。

图 1.2.1　"Server1"界面

图 1.2.2　使用 ISO 映像文件

步骤 3：在"浏览 ISO 映像"对话框中，浏览并选择 Windows Server 2016 的安装映像文件，单击"打开"按钮，如图 1.2.3 所示。

图 1.2.3 浏览并选择安装映像文件

步骤 4：返回"虚拟机设置"对话框，单击"确定"按钮，完成设置。

2. 安装 Windows Server 2016 的具体步骤

步骤 1：在"Server1"界面中，单击"开启此虚拟机"按钮，如图 1.2.4 所示。

步骤 2：加载后可以看到"Press any key to boot from CD or DVD．."的提示，此时按任意键即可进入"Windows Boot Manager"界面，直接按 Enter 键，如图 1.2.5 所示。

图 1.2.4 "Server1"界面   图 1.2.5 "Windows Boot Manager"界面

步骤 3：引导和加载后即可进入"Windows 安装程序"窗口，此处使用默认语言、时间等，单击"下一步"按钮，如图 1.2.6 所示。

步骤 4：在"Windows 安装程序"窗口中，单击"现在安装"按钮，准备安装操作系统，如图 1.2.7 所示。

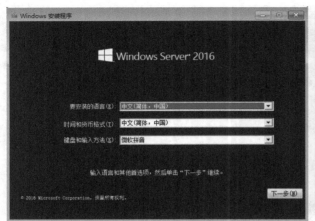

图 1.2.6　选择语言、时间等

图 1.2.7　准备安装操作系统

步骤 5：在"激活 Windows"界面中，输入产品密钥后单击"下一步"按钮，或单击"我没有产品密钥"按钮（批量授权或评估版免此步骤），如图 1.2.8 所示。

步骤 6：在"选择要安装的操作系统"界面中，选择"操作系统"为"Windows Server 2016 Datacenter（桌面体验）"，单击"下一步"按钮，如图 1.2.9 所示。

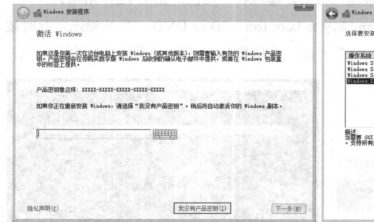

图 1.2.8　"激活 Windows"界面

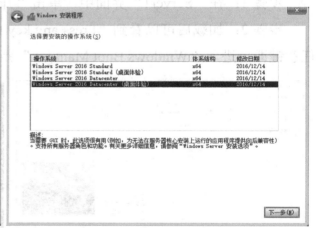

图 1.2.9　选择要安装的操作系统

步骤 7：在"适用的声明和许可条款"界面中，勾选"我接受许可条款"复选框，单击"下一步"按钮，同意许可条款，如图 1.2.10 所示。

步骤 8：在"你想执行哪种类型的安装"界面中，选择"自定义：仅安装 Windows（高级）"选项，如图 1.2.11 所示。

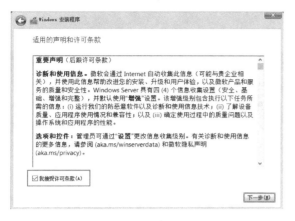

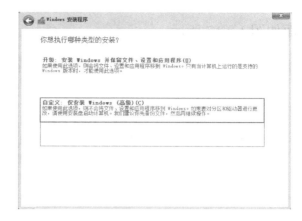

图 1.2.10　同意许可条款　　　　　　　　图 1.2.11　选择安装类型

步骤 9：在"你想将 Windows 安装在哪里"界面中，对磁盘进行分区。单击"新建"按钮，在"大小"数值框中输入 61440MB，单击"应用"按钮，创建磁盘分区，如图 1.2.12所示。

步骤 10：在弹出创建额外分区的提示对话框中，单击"确定"按钮，Windows 将创建用于启动的额外分区，如图 1.2.13 所示。

图 1.2.12　创建磁盘分区　　　　　　　　图 1.2.13　创建额外分区的提示对话框

步骤 11：返回"你想将 Windows 安装在哪里"界面，选择未分配的空间，重复上述步骤对剩余空间进行分区。完成磁盘分区后，选择第一个主分区，单击"下一步"按钮，如图 1.2.14 所示。

步骤 12：进入"正在安装 Windows"界面后，等待系统安装完成，安装完成后会提示重新启动计算机，如图 1.2.15 所示。

步骤 13：在"自定义设置"界面中，为 Administrator 设置密码，单击"完成"按钮，如图 1.2.16 所示。

步骤 14：自动重新启动即可进入系统，按组合键 Ctrl+Alt+Delete 登录系统，登录等待界面如图 1.2.17 所示。

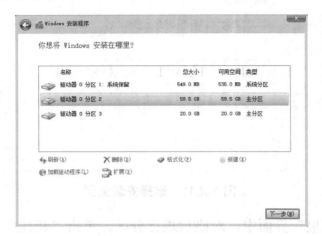

图 1.2.14　选择主分区

图 1.2.15　Windows 安装过程

图 1.2.16　设置密码①

图 1.2.17　登录等待界面

步骤 15：输入登录密码，单击右侧的"→"图标，即可进入操作系统，如图 1.2.18 所示。

步骤 16：进入操作系统后，会默认打开"服务器管理器"窗口，如图 1.2.19 所示。

小贴士：

在首次登录刚安装完成的 Windows Server 2016 时，必须设置登录密码（Administrator 的密码）。Administrator 的密码必须满足系统的复杂性要求，即密码中要包括 7 位以上的字符、数字和特殊符号。这样的密码才能满足 Windows Server 2016 的默认密码要求，如果是单纯的字符或数字，不管设置的密码有多长都不会达到系统的要求（密码设置失败）。

---

① 图 1.2.16 中"帐户"的正确写法应为"账户"，后文同。

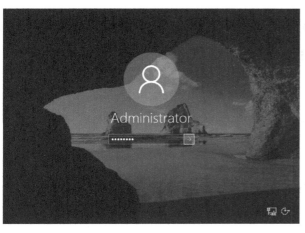

图 1.2.18　输入登录密码　　　　图 1.2.19　"服务器管理器"窗口

3. 安装 VMWare Tools 的具体步骤

在 VMware Workstation 支持的环境中安装完成 Windows Server 2016 后，首次登录后会进入虚拟机 Windows Server 2016 的桌面窗口，如果要将光标从 VMware Workstation 16 Pro 安装的 Windows Server 2016 支持的环境中释放出来，则需要按组合键 Ctrl+Alt 来完成，这是因为在 VMware Workstation 16 Pro 安装的 Windows Server 2016 支持的环境中没有安装 VMware Tools。

为了在 VMware Workstation 支持的环境中更加方便地使用 Windows Server 2016，可以安装 VMware Tools。

步骤 1：选择"虚拟机"→"安装 VMware Tools"命令，如图 1.2.20 所示。注意，在安装 VMware Tools 时必须启动并运行操作系统。

图 1.2.20　选择"安装 VMware Tools"命令

步骤2：在文件资源管理器中双击"DVD 驱动器（D:）VMware Tools"，按照向导完成驱动程序的安装后，单击"是"按钮，重新启动系统，如图 1.2.21 所示。

图 1.2.21　重新启动系统

小贴士：

在正确安装 VMWare Tools 后，会出现许多增强的功能。例如，在物理计算机和客户机之间同步时间、自动捕获和释放光标，以及在物理计算机和客户机之间或虚拟机之间进行复制和粘贴操作等。

知识链接

Windows Server 2016 是微软公司于 2016 年 10 月 13 日发布的服务器操作系统，在整体的设计风格与功能上更加接近 Windows 10。

1. Windows Server 2016 的版本

Windows Server 2016 有 4 个版本，即 Windows Server 2016 Essentials edition（精华版）、Windows Server 2016 Standard edition（标准版）、Windows Server 2016 Datacenter edition（数据中心版）和 Microsoft Hyper-V Server 2016。

1）Windows Server 2016 Essentials edition

Windows Server 2016 Essentials edition 是专为小型企业设计的。它对应于 Windows Server 早期版本中的 Windows Small Business 随机存取存储器（Random Access Memory，RAM）。它不支持 Windows Server 2016 的许多功能，包括虚拟化。

2）Windows Server 2016 Standard edition

Windows Server 2016 Standard edition 是为具有很少或没有虚拟化功能的物理服务器环境设计的。它提供了 Windows Server 2016 可用的许多角色和功能。此版本支持最多 64 个插槽、640 个处理器内核和 4TB 的 RAM。它为在相同硬件上运行的虚拟机提供了无限的基于虚拟机的许可证。此外，它还包括最多两个虚拟机的许可证，并且支持 Nano 服务器的安装。

3）Windows Server 2016 Datacenter edition

Windows Server 2016 Datacenter edition 是专为高度虚拟化的基础架构设计的，包括私有云和混合云环境。它提供 Windows Server 2016 可用的所有角色功能。此版本最多支持64 个插槽、640 个处理器内核和 4TB 的 RAM。它为在相同硬件上运行的虚拟机提供了无限的基于虚拟机的许可证。此外，它还包括一些新功能，如存储空间直通和存储副本，以及新的受防护的虚拟机和软件定义的数据中心场景所需的功能。

（4）Microsoft Hyper-V Server 2016

Microsoft Hyper-V Server 2016 作为运行虚拟机的独立虚拟化服务器操作系统，包括Windows Server 2016 中虚拟化的所有新功能。主机操作系统没有许可成本，但每台虚拟机必须单独获得许可。此版本最多支持 64 个插槽和 4TB 的 RAM，并支持加入域。除了有限的文件服务功能，它不支持其他 Windows Server 2016 的角色。此版本没有 GUI，但有一个显示配置任务菜单的用户界面。

2．Windows Server 2016 的系统需求

若要在计算机内安装与使用 Windows Server 2016，则计算机的硬件设备需要符合如表 1.2.2 所示的基本需求。

表 1.2.2　硬件设备需符合的基本需求

组　件	需　求
处理器	最少 1.4GHz 的 64 位处理器；支持 NX 或 DEP；支持 CMPXCHG16B、LAHF/SAHF；支持 SLAT（EPT 或 NPT）
内存	512MB（对于带桌面体验的服务器安装选项最少需要 2GB）
硬盘	最小为 32GB，不支持 IDE 硬盘（PATA 硬盘）
网络适配器	至少有千兆位吞吐量的以太网适配器

任务小结

（1）在安装 Windows Server 2016 时，应注意选择带有 GUI 的服务器选项。

（2）Windows Server 2016 安装完成后，在设置登录密码时需要满足复杂性要求。

（3）VMware Tools 安装完成后，会出现许多增强的功能，以便灵活地使用虚拟机。

任务拓展

使用 VMware Workstation 16 Pro 的典型方式创建虚拟机，具体要求如下。

（1）将虚拟机命名为 test。

（2）设置硬盘大小为 30GB。

（3）设置支持操作系统为 Ubuntu。

任务 1.3 ▶ 虚拟机的操作与设置

任务描述

小彭根据需求成功地安装了 VMware Workstation 16 Pro，并且新建了基于 Windows Server 2016 的虚拟机，接下来的任务是进行虚拟机的操作与设置。

任务要求

由于每台虚拟机的功能要求不同，虚拟机、物理计算机的性能也存在差异，因此需要对虚拟机进行配置，更改虚拟机的硬件参数和配置，具体要求如下。

（1）预先浏览虚拟机的存储位置 D:\Server1\Server1.vmx。

（2）对虚拟机 Server1 进行如表 1.3.1 所示的基本操作。

表 1.3.1　虚拟机 Server1 的基本操作

项　　目	说　　明
基本操作	打开虚拟机，存储位置为 D:\Server1\Server1.vmx
	关闭虚拟机、挂起与恢复运行虚拟机、删除虚拟机
	修改虚拟机的网络连接类型为"仅主机模式"
克隆	创建完整克隆，名称为 Server2，位置为 D:\
快照	生成快照，名称为 Server1 初始快照
	管理快照，将虚拟机 Server1 恢复到快照初始状态

任务实施

1. 虚拟机的基本操作

1）打开虚拟机

步骤 1：在"主页"界面中，单击"打开虚拟机"按钮，如图 1.3.1 所示。

步骤 2：在"打开"对话框中，浏览虚拟机的存储位置并选择虚拟机的配置文件，单击"打开"按钮，如图 1.3.2 所示。

图 1.3.1 "主页"界面

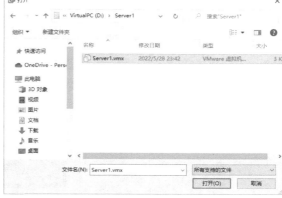

图 1.3.2 "打开"对话框

步骤 3：在"Server1"界面中，单击"开启此虚拟机"按钮，打开虚拟机，如图 1.3.3 所示。

2）关闭虚拟机

步骤 1：在虚拟机安装的操作系统中关闭虚拟机。本任务以虚拟机 Server1 为例，在桌面上右击"开始"按钮（桌面左下角的 Windows 图标），在弹出的快捷菜单中选择"关机或注销"→"关机"命令，如图 1.3.4 所示。

步骤 2：在"选择一个最能说明你要关闭这台计算机的原因"界面中，选择关机原因，并单击"继续"按钮，完成关机操作，如图 1.3.5 所示。

图 1.3.3 "Server1" 界面

图 1.3.4 选择"关机"命令

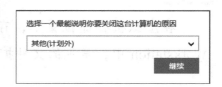

图 1.3.5 选择关机原因

步骤 3：因虚拟机内的操作系统出现蓝屏、死机等异常情况而无法正常关闭虚拟机时，可以单击"挂起"按钮后的下拉箭头，在弹出的菜单中选择"关闭客户机"命令或"关机"命令，如图 1.3.6 和图 1.3.7 所示。

图 1.3.6 选择"关闭客户机"命令

图 1.3.7 选择"关机"命令

3）挂起与恢复运行虚拟机

步骤 1：挂起虚拟机。单击"挂起"按钮，或单击"挂起"按钮后的下拉箭头，在弹出的菜单中选择"挂起客户机"命令，如图 1.3.8 所示。

图 1.3.8　选择"挂起客户机"命令

步骤 2：恢复运行虚拟机。在"Server1"界面中，单击"继续运行此虚拟机"按钮，如图 1.3.9 所示。

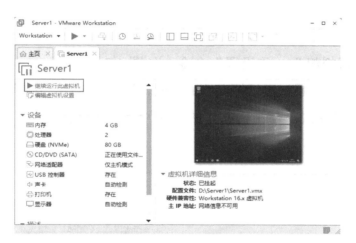

图 1.3.9　单击"继续运行此虚拟机"按钮

4）删除虚拟机

步骤 1：在"Server1"界面中，选择"虚拟机"→"管理"→"从磁盘中删除"命令，删除虚拟机，如图 1.3.10 所示。

步骤 2：在弹出的警告对话框中，单击"是"按钮，确认删除虚拟机，如图 1.3.11 所示。

小贴士：

　　使用"从磁盘中删除"命令，会删除虚拟机物理路径下的所有文件。如果在左侧的虚拟机列表中删除，则只是在"VMware Workstation"对话框中删除显示，而不会删除虚拟机物理路径下的任何文件。

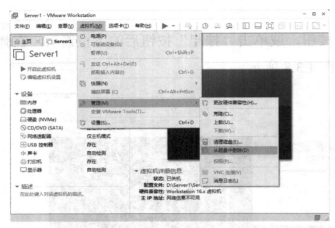

图 1.3.10　删除虚拟机　　　　　　　　图 1.3.11　确认删除虚拟机

5）修改虚拟机的硬件参数

在使用虚拟机的过程中，可以按需对虚拟机的部分硬件参数进行修改，如内存大小、处理器数量、网络适配器的连接方式等，其操作方法大同小异，这里将一台虚拟机的网络适配器由"桥接模式"修改为"仅主机模式"。

步骤 1：选择"虚拟机"→"设置"命令，如图 1.3.12 所示。

步骤 2：在"虚拟机设置"对话框左侧的"硬件"选项卡中，选择"网络适配器"选项，并在右侧选中"仅主机模式：与主机共享的专用网络"单选按钮，单击"确定"按钮，如图 1.3.13 所示。

图 1.3.12　选择"设置"命令　　　　　　　图 1.3.13　修改网络适配器设置

小贴士：

在使用虚拟机的过程中，若需加载或更换光盘映像文件，则建议将光盘驱动器 CD/DVD（SATA）的"设备状态"设置为"已连接"和"启动时连接"。

2. 创建虚拟机的克隆与快照

1）虚拟机的完整克隆

VMware Workstation 16 Pro 的克隆虚拟机可以克隆当前状态，也可以克隆现有快照（需要关闭虚拟机）。

步骤 1：选择"虚拟机"→"管理"→"克隆"命令，如图 1.3.14 所示。

步骤 2：弹出"克隆虚拟机向导"对话框，在"克隆源"界面中，选中"虚拟机中的当前状态"单选按钮，单击"下一步"按钮，如图 1.3.15 所示。

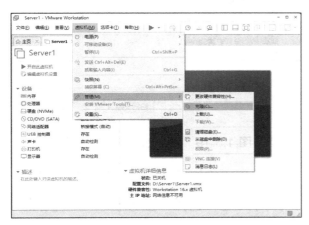

图 1.3.14 选择"克隆"命令

图 1.3.15 克隆虚拟机中的当前状态

步骤 3：选中"创建完整克隆"单选按钮，如图 1.3.16 所示。

步骤 4：在"新虚拟机名称"界面中，输入要克隆的虚拟机名称，并确定新虚拟机的保存位置，单击"完成"按钮，如图 1.3.17 所示。采用同样的方法，可以建立多台虚拟机的克隆。

2）生成快照

虚拟机在生成快照时，不需要关闭计算机。虚拟机在任何状态下都可以生成快照，这样在还原时可以迅速还原到备份时的状态。

步骤 1：选择"虚拟机"→"快照"→"拍摄快照"命令，如图 1.3.18 所示。

步骤 2：在弹出的"Server1-拍摄快照"对话框中，输入快照名称和描述，单击"拍摄快照"按钮，如图 1.3.19 所示。

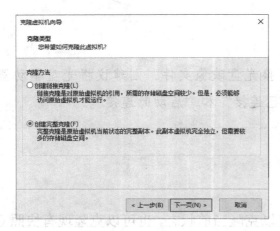

图 1.3.16　选择克隆方法

图 1.3.17　输入虚拟机名称并确定保存位置

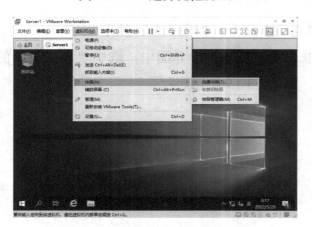

图 1.3.18　选择"拍摄快照"命令

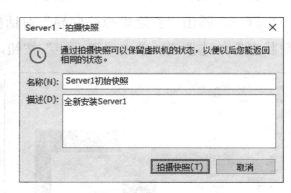

图 1.3.19　输入快照名称和描述

3）管理快照

步骤 1：在管理快照时，可以恢复到快照备份的位置。选择"虚拟机"→"快照"→"快照管理器"命令，如图 1.3.20 所示。

步骤 2：在弹出的"Server1-快照管理器"对话框中，选择要恢复的快照的位置，单击"转到"按钮，就可以恢复到快照备份的位置了，如图 1.3.21 所示。

图 1.3.20　选择"快照管理器"命令

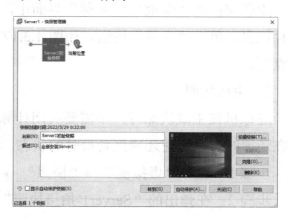

图 1.3.21　"Server1-快照管理器"对话框

知识链接

1. VMware 的网络接入模式

一般虚拟机会提供以下 3 种网络接入模式。

1）NAT 模式

在 NAT 模式下，物理计算机会变成一台虚拟交换机，物理计算机网卡与虚拟机网卡利用虚拟交换机进行通信，物理计算机与虚拟机在同一网段中，虚拟机可以直接使用物理网络访问外网，实现虚拟机联通互联网。虚拟机与物理计算机的关系是只能单向访问，虚拟机可以访问网络中的物理计算机，网络中的物理计算机不可以访问虚拟机，虚拟机之间不可以互相访问。在物理计算机中，NAT 模式的虚拟机网卡对应的物理网卡是 VMware Network Adapter VMnet8。

2）桥接（Bridged）模式

使用桥接模式相当于在物理计算机与虚拟机网卡之间架设了一座桥梁，直接连入了网络。使用桥接模式可以使虚拟机能够被分配到一个网络中独立的 IP 地址，它的所有网络功能和在网络中的物理计算机完全一样，既可以实现虚拟机和物理计算机的相互访问，又可以实现虚拟机之间的相互访问。

3）仅主机（Host-Only）模式

使用仅主机模式是在主机中模拟出一张专供虚拟机使用的网卡，所有虚拟机都连接到这张网卡上。这种模式仅让虚拟机内的主机与物理计算机通信，不能连接到网络。在物理计算机中，仅主机模式的虚拟机网卡对应的物理网卡是 VMware Network Adapter VMnet1。

2. 认识虚拟机的克隆与快照

虽然安装与配置虚拟机都很方便，但是安装与配置虚拟机仍然是一项耗时的工作，在许多时候需要多台虚拟机来完成。这时如果能够快速部署虚拟机就显得更加方便了，虚拟机软件提供的克隆功能恰恰可以做到这一点。克隆是通过一台已经存在的虚拟机作为父本，迅速地建立该虚拟机的副本。克隆出的虚拟机是一台单独的虚拟机，功能独立，在克隆出的系统中，即便共享父本的硬盘，所做的任何操作也不会影响父本，同样在父本中的操作也不会影响克隆的虚拟机，虚拟机网卡的 MAC 地址和 UUID（Universally Unique Identifier，通用唯一识别码）与父本都不一样。使用克隆功能可以轻松复制虚拟机的多个副本，而不用考虑虚拟机文件及配置文件所在的位置。

1）克隆的应用

当需要把一个虚拟机操作系统分配给多人使用时，克隆功能非常有效，如下列场景。

（1）在单位中，可以把安装与配置好办公环境的虚拟机克隆给每个工作人员单独使用。

（2）在软件测试时，可以把预先配置好的测试环境克隆给每个测试人员单独使用。

（3）教师可以把课程中使用到的实验环境准备好，并克隆给每个学生单独使用。

2）克隆的类型

（1）完整克隆。

完整克隆的虚拟机不依赖源虚拟机，是完全独立的虚拟机，克隆结束后不需要共享父本。完整克隆的过程是完全克隆一个副本，并且和父本完全分离。完整克隆是从父本的当前状态开始克隆，克隆结束后和父本就没有关联了。

（2）链接克隆。

链接克隆是从父本的一个快照克隆出来的。链接克隆需要使用父本的磁盘文件，如果父本不可以使用（如被删除），那么链接克隆也不可以使用。

3）认识虚拟机的快照功能

在学习操作系统的过程中，往往会反复对系统进行设置，特别是有些操作是不可逆的，即便是可逆的也费时费力。那么可不可以对系统的状态进行一个备份，在做完实验或实验失败之后将系统迅速恢复到实验前的状态呢？多数虚拟机提供了类似的功能，我们一般称之为快照。

快照是对虚拟机磁盘文件在某个点及时的副本。设置多个快照可以为不同的工作保存多个状态，并且不互相影响。快照可以在操作系统运行过程中随时设置，这样以后可以随时恢复到创建快照时的状态，其创建和恢复都非常快，几秒就完成了。当系统崩溃或系统异常时，可以通过使用快照功能恢复磁盘文件系统和系统存储。

▌任务小结

（1）VMware 的网络接入模式包括 NAT 模式、桥接模式和仅主机模式，注意 3 种模式的区别。

（2）虚拟机的克隆和快照功能是非常有用的功能，能够快速部署虚拟机。

（3）虚拟机的快照在操作系统运行过程中可以随时设置，并且在系统崩溃或异常时，可以恢复到创建快照时的状态。

▌任务拓展

针对克隆后的虚拟机 Server2 的系统，因为克隆的虚拟机与源虚拟机使用相同的 SID（Security Identifiers，安全标识符），在网络访问时会产生冲突，所以需要重新生成 SID，具体要求如下。

（1）使用 sysprep（C:\Windows\System32\Sysprep）命令重置系统。

（2）查看两台虚拟机的 SID 是否已经不同。

任务 1.4 ▶ 配置基本环境与网络应用

任务描述

小彭安装了 Windows Server 2016，需要在正式投入使用之前进行一些基本设置，更改计算机和工作组的名称以便管理，配置网络参数使虚拟机正常接入网络，关闭增强的安全配置使其能够正常浏览网站。

任务要求

对服务器操作系统进行一些基本设置是很有必要的，对于学生来说，更改计算机名、设置 TCP/IP 参数等都是必须掌握的。Windows Server 2016 基本设置如表 1.4.1 所示。

表 1.4.1　Windows Server 2016 基本设置

虚　拟　机	项　　目	说　　明
Server1	计算机名	dc
	工作组名	MEITENG
	IP 地址/子网掩码	192.168.1.201/24
	默认网关	192.168.1.254
	IE 增强的安全配置	关闭
Server2	计算机名	bdc
	工作组名	MEITENG
	IP 地址/子网掩码	192.168.1.202/24
	默认网关	192.168.1.254
	IE 增强的安全配置	关闭

任务实施

在安装完成后，应先进行一些基本设置，如计算机名、IP 地址等均可以在"服务器管理器"窗口中完成。本任务以 Server1 为例，进行设置。

1. 设置计算机名和工作组名

Windows Server 2016 在安装过程中不需要设置计算机名，而使用由系统随机配置的计算机名。由于系统配置的计算机名不仅冗长，而且不便于记忆，因此为了更好地标识和识别服务器，应将其改为易记或有一定意义的计算机名。

步骤 1：打开"服务器管理器"窗口，选择左侧的"本地服务器"选项，单击"WIN-R15T8LLESAH"链接，显示本地服务器属性，如图 1.4.1 所示。

图 1.4.1 显示本地服务器属性

步骤 2：在弹出的"系统属性"对话框中，选择"计算机名"选项卡，单击"更改"按钮，更改计算机名，如图 1.4.2 所示。

步骤 3：在"计算机名/域更改"对话框中，输入新的计算机名"dc"，选中"工作组"单选按钮并输入工作组名"MEITENG"，单击"确定"按钮，如图 1.4.3 所示。在"欢迎加入 MEITENG 工作组"界面中，单击"确定"按钮，如图 1.4.4 所示。

步骤 4：在"必须重新启动计算机才能应用这些更改"界面中，单击"确定"按钮，如图 1.4.5 所示。

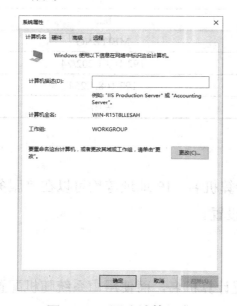

图 1.4.2 更改计算机名

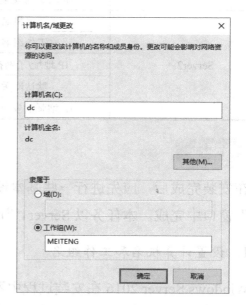

图 1.4.3 设置计算机名和工作组名

图 1.4.4 "欢迎加入 MEITENG 工作组"界面

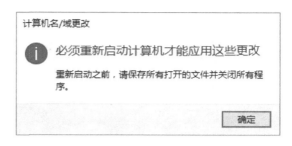

图 1.4.5 "必须重新启动计算机才能 应用这些更改"界面

步骤 5：返回"系统属性"对话框，单击"关闭"按钮，如图 1.4.6 所示。

步骤 6：在"必须重新启动计算机才能应用这些更改"界面中，单击"立即重新启动"按钮，如图 1.4.7 所示。重新启动计算机后，再次打开"服务器管理器"窗口，选择"本地服务器"选项，即可查看修改后的计算机名。

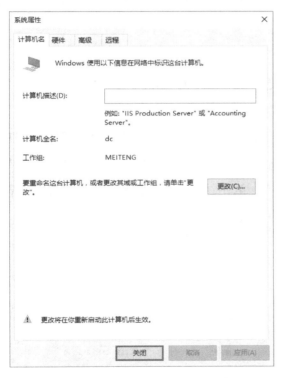

图 1.4.6 "系统属性"对话框

图 1.4.7 立即重新启动

2. 配置网络

步骤 1：打开"服务器管理器"窗口，选择左侧的"本地服务器"选项，单击"由 DHCP 分配的 IPv4 地址，IPv6 已启用"链接，如图 1.4.8 所示。

步骤 2：在"网络连接"窗口中，右击网络适配器"Ethernet0"，在弹出的快捷菜单中选择"属性"命令，如图 1.4.9 所示。

图 1.4.8　设置本地服务器属性　　　　　　图 1.4.9　选择"属性"命令

小贴士：

在 Windows 中，按组合键 Windows+R，在打开的"运行"对话框中输入"ncpa.cpl"，可以快速打开"网络连接"窗口。

步骤 3：在"Ethernet0 属性"对话框中，勾选"Internet 协议版本 4（TCP/IPv4）"复选框，单击"属性"按钮，如图 1.4.10 所示。

步骤 4：在"Internet 协议版本 4（TCP/IPv4）属性"对话框中，选中"使用下面的 IP 地址"单选按钮，手动设置服务器的"IP 地址"为"192.168.1.201"、"子网掩码"为"255.255.255.0"、"默认网关"为"192.168.2.254"，单击"确定"按钮，如图 1.4.11 所示。

图 1.4.10　选择要修改的网络连接项目

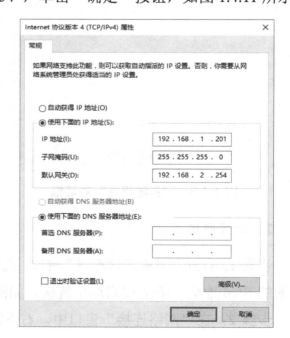

图 1.4.11　手动设置 IP 地址、子网掩码、默认网关

小贴士：

从物理计算机切换到虚拟机后，若无法在虚拟机中使用数字键，则需要检查 NumLock 键（或 Num 键）的状态，确认是否开启了数字键的输入功能。

步骤 5：返回"Ethernet0 状态"对话框，单击"详细信息"按钮，如图 1.4.12 所示。

步骤 6：在"网络连接详细信息"对话框中，可以查看设置的 IP 地址、子网掩码、默认网关等，如图 1.4.13 所示。

图 1.4.12 单击"详细信息"按钮

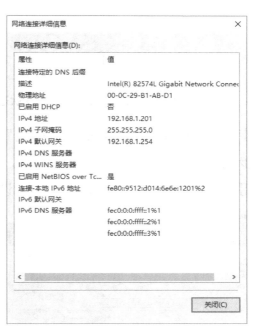

图 1.4.13 查看网络连接详细信息

3. 关闭 IE 增强的安全配置

IE 增强的安全配置（IE ESC），是 Windows Server 2016 等系统为保障服务器的安全而对浏览器默认启用的设置，用以减少使用当前浏览器访问网站时可能出现的服务器暴露情况。在访问网站时需要在提示对话框中添加对网站的信任信息，否则无法访问网站。如果要调整安全级别，以便直接连接要访问的网站，那么应关闭 IE 增强的安全配置。

步骤 1：在"服务器管理器"窗口中，选择左侧的"本地服务器"选项，单击"启用"链接，如图 1.4.14 所示。

步骤 2：在"Internet Explorer 增强的安全配置"对话框中，分别在"管理员"和"用户"选项组中选中"关闭"单选按钮，单击"确定"按钮，如图 1.4.15 所示。

图 1.4.14　IE 增强的安全配置状态　　　　图 1.4.15　修改 IE 增强的安全配置

步骤 3：查看"IE 增强的安全配置"为"关闭"，如图 1.4.16 所示。

步骤 4：设置完成后，打开浏览器，若出现"警告：Internet Explorer 增强的安全配置未启用"警告信息，则表明已经关闭了设置，如图 1.4.17 所示。

图 1.4.16　查看 IE 增强的　　　　　图 1.4.17　已经关闭了 Internet Explorer
　　　　安全配置状态　　　　　　　　　　　　增强的安全配置

小贴士：

　　　若已经修改了本地服务器属性的信息，但在上述窗口中没有正确显示，则可以刷新或重新打开此窗口，如仍未正确显示，则需进一步确认该设置是否需要重新启动计算机才能生效。

步骤 5：关闭设置后，安全级别会自动调整为"中-高"，此时将不会阻挡要连接的网站了。

打开浏览器，在菜单栏中选择"工具"→"Internet 选项"命令，在弹出的"Internet

选项"对话框中，选择"安全"选项卡，可以看到"该区域的安全级别"为"中-高"，如图 1.4.18 所示。

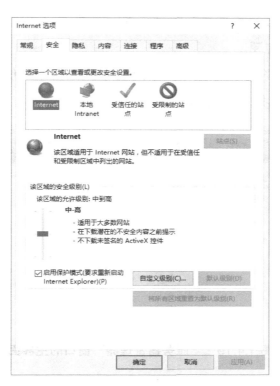

图 1.4.18 "Internet 选项"对话框

知识链接

1. 服务器管理器

服务器管理器是 Windows Server 2016 中的管理控制台，用来帮助计算机专业人员从其他桌面配置和管理基于 Windows 的本地和远程服务器。服务器管理器是 Windows Server 2016 扩展的 Microsoft 管理控制台（MMC），允许查看和管理影响服务器工作效率的主要信息，用于管理服务器的标志和系统信息、显示服务器的状态、通过服务器角色配置来识别问题，以及管理服务器上已安装的所有角色。服务器管理器缓解了企业对多个服务器角色进行管理和安全保护的任务压力。

在 Windows Server 2016 的系统管理中有两个重要的概念，即角色和功能。它们相当于 Windows Server 2003 中的 Windows 组件，重要的组件划分到 Windows Server 2016 角色中，其他服务和服务器功能的实现则划分到 Windows Server 2016 功能中。

角色是 Windows Server 2016 中的一个新概念，主要指服务器角色，也就是运行某个特定服务的服务器角色。当一台硬件服务器安装了某个服务后，这台服务器就被赋予了某种角色，这种角色为应用程序、计算机或整个网络环境提供相应的服务。

功能是一些软件程序，不直接构成角色，但可以支持或增强角色，甚至增强整台服务器的功能应用。例如，Telnet 客户端功能允许通过网络与 Telnet 服务器进行远程通信，从而全面实现服务器的通信应用。

图 1.4.19 所示为"服务器管理器"窗口的主界面，包含"仪表板""本地服务器""所有服务器""文件和存储服务"4 个选项。

图 1.4.19　"服务器管理器"窗口的主界面

2．计算机名

计算机名用来标识计算机在网络中的身份，就如同人的名字一样。在同一个网络中计算机名是唯一的，系统安装完成后会自动设置计算机名。建议根据此计算机所承担的服务角色设置容易识别的计算机名，也就是从网络中看到的计算机名。

3．工作组

用户可以使用 Windows Server 2016 构建网络，以便将网络上的资源共享给其他用户。Windows Server 2016 支持工作组（Workgroup）和域（Domain）两种网络类型。

工作组就是将不同的计算机按照功能分别列入不同的组中，以便管理。如一个公司会分为财务部、市场部等，而财务部的计算机全部列入财务部的工作组中，市场部的计算机全部列入市场部的工作组中等。如果需要访问财务部的资源，那么可以在"网上邻居"中找到财务部的工作组，双击即可看到该财务部的计算机。工作组实现的是一种分散的管理方式，每一台计算机都是独立的，用户账户和权限信息保存在本机中，同事之间借助工作组共享信息，共享信息的权限设置由每台计算机自身控制。任何一台计算机只要接入网络，其他计算机都可以访问其共享资源，如共享文件等。

关于域的网络类型将在后面的项目中进行介绍。

（1）为了更好地组织和管理网络中的计算机、共享资源，需要设置计算机隶属的域或工作组。

（2）计算机名与 TCP/IP 的 IP 地址用来识别计算机的信息。它们是计算机之间相互通信所需的信息。

任务拓展

在虚拟机 bdc 上使用 netsh 命令完成 IP 地址的配置，具体要求如下。

（1）IP 地址为 192.168.1.102/24。

（2）默认网关为 192.168.1.1。

任务 1.5　配置防火墙允许远程桌面访问

任务描述

某公司的服务器在投入使用后，需要承载公司销售人员和技术人员的培训类等多种课程，有些课程中需要借助虚拟机来搭建可联通的网络环境。Windows Server 2016 默认开启了防火墙，拒绝其他计算机使用 ping 等命令测试连通性和默认阻挡绝大部分的入站连接。

任务要求

小彭使用两台安装了 Windows Server 2016 的虚拟机，分别测试在开启、关闭防火墙时 ping 命令的执行效果，并尝试设置防火墙规则，通过两台虚拟机实现远程桌面的管理。具体配置要求如表 1.5.1 所示。

表 1.5.1　安装 Windows Server 2016 的虚拟机的配置要求

项　目	说　明
bdc	关闭 bdc 的防火墙
	对 dc 进行远程桌面管理
dc	测试由 dc 到 bdc 的连通性
	解除 dc 的防火墙对远程桌面的阻挡
	开启远程桌面功能

1. 配置 Windows 防火墙

1）关闭 bdc 的防火墙

步骤 1：打开"服务器管理器"窗口，选择左侧的"本地服务器"选项，单击"公用：启用"链接，如图 1.5.1 所示。

步骤 2：在"Windows 防火墙"窗口中，选择左侧的"启用或关闭 Windows 防火墙"选项，如图 1.5.2 所示。

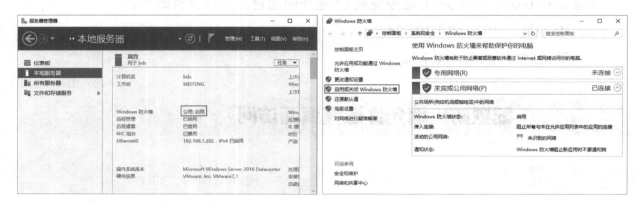

图 1.5.1　本地服务器属性　　　　　　　　图 1.5.2　"Windows 防火墙"窗口

步骤 3：在"自定义设置"窗口中，分别在"专用网络设置"和"公用网络设置"选项组中选中"关闭 Windows 防火墙（不推荐）"单选按钮，单击"确定"按钮，如图 1.5.3 所示。

步骤 4：刷新"服务器管理器"窗口，可以看到防火墙已经关闭，如图 1.5.4 所示。

图 1.5.3　关闭防火墙　　　　　　　图 1.5.4　关闭 Windows 防火墙后的系统属性

2）测试由 dc 到 bdc 的连通性

步骤 1：进入 dc 桌面，右击"开始"按钮，在弹出的快捷菜单中选择"运行"命令，在打开的"运行"对话框中的"打开"文本框中输入"cmd",单击"确定"按钮,如图 1.5.5 所示。

步骤 2:在命令提示符窗口中,输入命令"ping 192.168.1.202",从回显结果中可以看到从 dc 到 bdc 处于连通状态,如图 1.5.6 所示。

图 1.5.5 输入要运行程序

图 1.5.6 连通结果显示 1

小贴士:

在 Windows 中,按组合键 Windows+R,可以快速打开"运行"对话框。

3)测试由 bdc 到 dc 的连通性

在 bdc 上重复以上操作,测试由 bdc 到 dc 的连通性,回显结果为"请求超时",如图 1.5.7 所示。这是因为 dc 默认开启了 Windows 防火墙,其默认入站规则阻止了外部主机的 ICMP 回显请求。

4)在 dc 的入站规则中开启 ICMP 回显

步骤 1:在 dc 的入站规则中开启 ICMP 回显。在"Windows 防火墙"窗口中,选择左侧的"高级设置"选项,如图 1.5.8 所示。

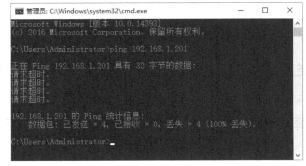

图 1.5.7 连通结果显示 2

图 1.5.8 "Windows 防火墙"窗口

步骤 2:在 dc 的"高级安全 Windows 防火墙"窗口中,选择左侧的"入站规则"选项,并右击"文件和打印机共享(回显请求-ICMPv4-In)",在弹出的快捷菜单中选择"启用规则"命令,启用回显请求,如图 1.5.9 所示。

5)再次测试由 bdc 到 dc 的连通性

在 bdc 上,再次测试到 dc 的连通性,通过回显结果可以发现由 bdc 到 dc 能够连通,如图 1.5.10 所示。

图 1.5.9　启用回显请求

图 1.5.10　测试连通性

小贴士:

ICMP(Internet Control Message Protocol,Internet 控制报文协议),用于在主机和具有路由功能的设备之间传递控制消息。在 Windows 中,ICMP 用来测试连通性的 ping 命令,以及跟踪路由的 tracert 命令。不同 ICMP 报文的数据类型(Type)表示的含义也不同,使用较多的有回显请求(Type=8)和回显应答(Type=0)。ICMPv4-In 表示外部主机向本地计算机的 IP 地址发起的回显请求。

2. 实现 Windows 远程桌面

1)解除 dc 的防火墙对远程桌面的阻挡

Windows 防火墙会阻挡绝大部分的入站连接,可以通过设置"允许应用或功能通过 Windows 防火墙"选项解除对某些程序的阻挡。

步骤 1:打开"服务器管理器"窗口,选择左侧的"本地服务器"选项,单击"公用:启用"链接。

步骤 2:在"Windows 防火墙"窗口中,选择"允许应用或功能通过 Windows 防火墙"选项,如图 1.5.11 所示。

步骤 3:在"允许的应用"窗口中,勾选"远程桌面"复选框,如图 1.5.12 所示。

图 1.5.11 "Windows 防火墙"窗口　　　　图 1.5.12 "允许的应用"窗口

2）开启远程桌面功能

步骤 1：在 dc 上打开"服务器管理器"窗口，选择左侧的"本地服务器"选项，单击"已禁用"链接，如图 1.5.13 所示。

步骤 2：在"系统属性"对话框的"远程"选项卡中，选中"允许远程连接到此计算机"单选按钮，如需要指定远程桌面用户则应单击"选择用户"按钮，如图 1.5.14 所示。

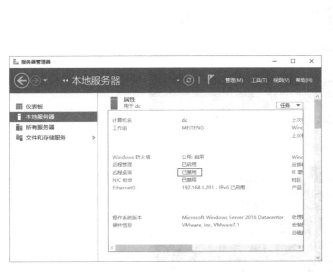

图 1.5.13 本地服务器属性

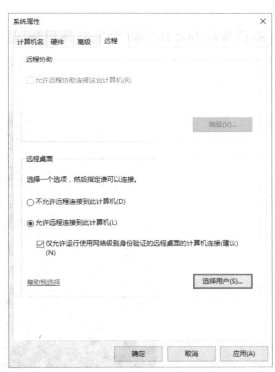

图 1.5.14 允许远程连接到此计算机

步骤 3：在"远程桌面用户"对话框中，可以单击"添加"按钮，选择允许远程桌面连接的用户，默认管理员组都可以进行远程连接，由于本任务中 Administrator 已具有远程访问权限，因此这里直接单击"确定"按钮，如图 1.5.15 所示。

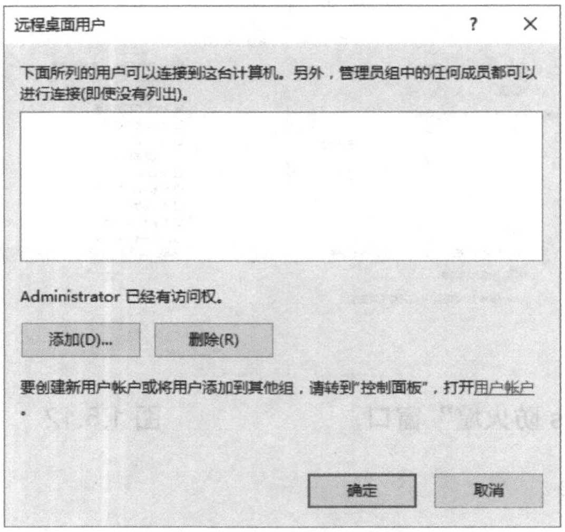

图 1.5.15 "远程桌面用户"对话框

步骤 4：返回"系统属性"对话框，单击"确定"按钮。至此，已开启了 dc 的远程桌面功能。

3）对 dc 进行远程桌面管理

本任务以 bdc 作为远程桌面客户端对 dc 进行远程桌面管理。

步骤 1：在 bdc 桌面上单击"开始"按钮，在弹出的"Windows Server"界面中单击"远程桌面连接"图标，如图 1.5.16 所示。

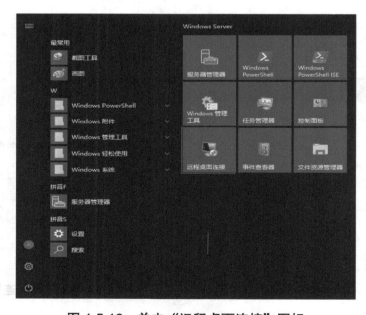

图 1.5.16 单击"远程桌面连接"图标

小贴士：

也可以在"运行"对话框中输入"mstsc.exe"，打开"远程桌面连接"窗口。

步骤 2：打开"远程桌面连接"窗口，在"计算机"文本框中输入远程计算机的 IP 地址，本任务输入 dc 的 IP 地址为"192.168.1.201"，单击"连接"按钮，如图 1.5.17 所示。

步骤 3：在弹出的"Windows 安全"对话框中，输入用于远程连接的凭据，单击"确定"按钮，如图 1.5.18 所示。

图 1.5.17　输入远程计算机的 IP 地址　　　　图 1.5.18　输入用于远程连接的凭据

步骤 4：在弹出的远程桌面连接的证书安全提示对话框中，单击"是"按钮，如图 1.5.19 所示。

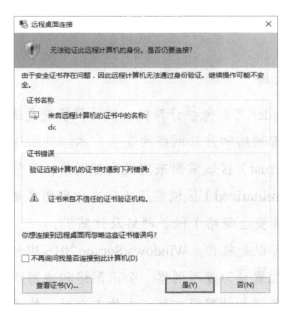

图 1.5.19　远程桌面连接的证书安全提示对话框

小贴士：

Windows Server 2016 的远程桌面服务会借助证书服务增加安全性。在一般情况下，由于服务器（远程计算机）的证书是自签名证书，而客户端默认不信任该证书，因此一般选择忽略证书错误，也可以添加对证书的信任或将其设置为不显示警告。

步骤 5：连接成功后，在客户端的"远程桌面连接"窗口中会显示出远程计算机的桌面，可以按需进行后续的管理工作，如图 1.5.20 所示。

图 1.5.20　远程桌面连接成功

知识链接

1.　认识 Windows 防火墙

内置的 Windows Defender 可以保护计算机，使计算机避免遭受恶意软件的攻击。

防火墙是一种隔离内部网络和外部网络的安全技术。其所连接的不同网络被划分为多个安全域。例如，信任（Trust）区域常用来定义内部网络；非信任（Untrust）区域常用来定义外部网络；隔离（Demilitarized）区域常用来定义内部服务器所在网络，并通过在安全域之间设置访问规则（也称安全策略）保护网络及计算机。

防火墙可以是硬件也可以是软件。Windows Server 2016 中包含的防火墙可以保护计算机不受外部攻击，将网络位置分为专用网络、公用网络和域网络，可以自动判断并设置计算机所在的网络位置。为了增加计算机在网络中的安全性，位于不同网络位置的计算机有着不同的 Windows 防火墙设置。例如，位于公用网络中的计算机防火墙设置得较为严格，而位于专用网络中的计算机防火墙则设置得较为宽松。

Windows 防火墙是运行在 Windows 中的软件，默认为启用状态，用来阻止所有未在允许规则中的入站连接。当关闭 Windows 防火墙后，允许任意的入站连接。在工作组的模式下，位于公用网络中的计算机之间是无法通信的。

2. 高级安全 Windows 防火墙概述

Windows Server 2016 可以针对不同的网络位置设置不同的 Windows 防火墙规则和配置文件，并且可以更改这些配置文件。在"高级安全 Windows 防火墙"窗口中针对域、专用和公用网络分别设置了入站规则与出站规则，具体如下。

（1）阻止（默认值）：阻止没有防火墙规则明确允许连接的所有连接。

（2）阻止所有连接：无论是否有防火墙规则明确允许的连接，均全部阻止。

（3）允许（默认值）：允许连接，但有防火墙规则明确组织的连接除外。

任务小结

（1）防火墙可以是硬件也可以是软件。Windows 防火墙是运行在 Windows 上的组件，默认为启用状态。

（2）防火墙是一种隔离内部网络和外部网络的安全技术。其所连接的不同网络被划分为多个安全域。

（3）在工作中，除在初始配置时为服务器连接显示器外，后续的管理一般采用远程方式。

任务拓展

启用 Windows Server 2016 服务器的远程桌面，允许客户端使用 Manager 访问远程服务器。

▶ 练习题

一、选择题

1．在下列选项中，不属于网络操作系统的是（　　）。

    A．UNIX   B．Windows 10

    C．DOS   D．Windows Server 2016

2．推荐将 Windows Server 2016 安装在（　　）分区上。

    A．NTFS   B．FAT

    C．FAT32   D．VFAT

3．在下列选项中，（　　）不是 VMware 的网络接入模式。

    A．Bridge   B．Route

    C．Host-only   D．NAT

4. 在下列选项中，（　　）不是 Windows Server 2016 的安装方式。

    A. 升级安装   B. 远程服务器安装

    C. 全新安装   D. DVD 光盘

5. 在安装了 Windows Server 2016 的虚拟机中，可以使用组合键（　　）登录系统。

    A. Ctrl+Alt+Delete   B. Ctrl+Alt+Home

    C. Ctrl+Alt+Insert   D. Ctrl+Alt+Space

6. Windows Server 2016 安装完成后，用户在第一次登录时使用的用户账户是（　　）。

    A. Admin   B. Guest

    C. Administrator   D. Root

7. Windows Server 2016 网络的管理架构主要有两种：工作组和（　　）。

    A. 域   B. 对等网

    C. 文件夹   D. 远程访问服务器

8. 使用命令（　　），可以打开"Windows 防火墙"配置和查看窗口。

    A. windowsfirewall   B. firewall.msc

    C. firewall.cpl   D. windowsfirewall.cpl

9. 在 Windows Server 2016 的系统管理中有两个重要的概念：角色和（　　）。

    A. 域   B. 功能

    C. 防火墙   D. 注册表

10. 使用命令（　　），可以打开远程桌面连接客户端。

    A. mstsc   B. telnet

    C. firewall.cpl   D. services.msc

11. 使用命令（　　），可以打开"网络连接"窗口。

    A. mstsc   B. telnet

    C. ncpa.msc   D. ncpa.cpl

二、实训题

某公司新购入一台服务器，磁盘大小为 1TB，已经安装了 Windows 10。请完成以下要求。

1. 在 Windows 10 上安装 VMware Workstation 16 Pro，并在 VMware 中安装虚拟机 Win2016-1，其网络操作系统为 Windows Server 2016 Datacenter edition，服务器的硬盘大小为 500GB。

2. 主磁盘分区 C：80GB；主磁盘分区 D：200GB；主磁盘分区 E：220GB。

3．Win2016-1 的计算机名为 Win2016-1，管理员密码自定，服务器的 IP 地址为 172.16.1.100/24，网关地址为 172.16.1.254，DNS 服务器的 IP 地址为 172.16.1.100。

4．使用克隆功能生成网络操作系统 Win2016-2，并使用 sysprep 命令重整克隆生成网络操作系统。

5．关闭 Win2016-1 和 Win2016-2 的防火墙功能。

6．关闭 IE 增强的安全配置。

项目 2

管理本地用户账户、本地组和本地安全策略

某公司是一家电子商务运营公司，现公司员工要对计算机进行操作，员工必须拥有合法的账户和密码才能进入系统。用户是计算机使用者在计算机系统中的身份映射，不同的用户账户拥有不同的权限。每个用户账户包含一个用户名和一个密码，相当于登录计算机系统的钥匙。Windows Server 2016 提供的用户账户管理功能机制可以很好地解决账户和密码的问题。

通过对本地用户账户、本地组的配置使每个员工都拥有合法的账户和密码。作为多用户、多任务的操作系统，Windows Server 2016 拥有一个完备的系统账户和安全、稳定的工作环境，系统所提供的账户类型主要包括用户账户和组。用户只有先登录到系统中，才能够使用系统所提供的资源。

本项目主要介绍 Windows Server 2016 的本地用户账户、本地组的创建和应用，以便管理员根据本地安全策略的设置情况，增加服务器的安全性。

知识目标

1. 理解本地用户账户、本地组的基本概念与功能。
2. 理解本地安全策略的概念、分类和作用。

能力目标

1. 能够创建和管理本地用户账户。

2. 能够创建和管理本地组。

3. 能够完成本地安全策略的配置。

思政目标

1. 增强信息系统安全意识，能够对本地用户账户进行必要的安全设置。

2. 锻炼统筹规划、交流沟通、独立思考能力，能够依据项目需求合理地规划本地用户账户、本地组和安全策略。

任务 2.1 ▶ 创建与管理本地用户账户

任务描述

某公司员工想通过用户账户登录到服务器或通过网络访问服务器及网络资源，这就需要通过在服务器上创建本地用户账户来实现，用户账户是用户在 Windows Server 2016 中的唯一标志。小彭为了满足公司员工的访问需求，为每个员工创建了用户账户。

任务要求

Windows Server 2016 通过创建账户，并赋予账户合法的权限来保证使用网络和计算机资源的合法性，以确保数据访问、存储的安全需要。在使用 Windows Server 2016 创建用户账户时，具体要求如表 2.1.1 所示。

表 2.1.1 使用 Windows Server 2016 创建用户账户的具体要求

姓 名	用户账户	全 名	密 码	密码选项	角 色	备 注
小彭	Admin	Admin			网络管理员	网络管理员
张三	Zhangsan	Zhangsan			销售部员工	Sales 组
李四	Lisi	Lisi	自定义	用户下次登录时须更改密码		
王五	Wangwu	Wangwu			财务部员工	Finances 组
赵六	Zhaoliu	Zhaoliu				

任务实施

1. 创建本地用户账户

在创建本地用户账户时，用户账户必须拥有管理员账户的权限。具体的创建步骤如下。

步骤 1：以 Administrator 身份登录系统，依次选择"开始"→"服务器管理器"→"工具"→"计算机管理"命令，打开"计算机管理"窗口，如图 2.1.1 所示。

图 2.1.1 "计算机管理"窗口

步骤 2：在"计算机管理"窗口中，选择"系统工具"→"本地用户和组"选项，右击"用户"选项，在弹出的快捷菜单中选择"新用户"命令，如图 2.1.2 所示。

步骤 3：在"新用户"对话框中，依次输入用户名、全名、描述信息，并输入两次密码。此处以 Admin 为例，信息填写完成后单击"创建"按钮，如图 2.1.3 所示。

图 2.1.2 选择"新用户"命令

图 2.1.3 输入新用户信息

步骤 4：参考上述步骤创建本地用户账户 Zhangsan、Lisi、Wangwu、Zhaoliu，并勾选"用户下次登录时须更改密码"复选框，创建完成后的用户账户列表如图 2.1.4 所示。

图 2.1.4 创建完成后的用户账户列表

小贴士：

在创建本地用户账户时，密码选项及其作用、适用场景如表 2.1.2 所示。

表 2.1.2 密码选项及其作用、适用场景

密 码 选 项	作　　用	适 用 场 景
用户下次登录时须更改密码	用户下次登录时必须修改一个新密码才能够正常登录，否则系统将拒绝用户登录	适用于需要个人桌面的环境，如为一个企业中的员工分配用户账户，员工获取初始密码后可自行更改密码
用户不能更改密码	用户没有更改密码的权限，只能使用管理员设置的密码登录	适用于公共账户的环境，如为企业中的临时用户设置一个公用账户
密码永不过期	在默认情况下，用户的密码使用期限是 42 天，之后用户必须更改一个新密码才能够继续正常登录计算机	适用于需要定期更改密码的环境，如用于远程用户拨入的账户。定期更改密码在一定程度上增加了系统安全性
账户已禁用	禁用该用户账户直至下次启用	适用于需临时禁用账户的场合，如企业中某个员工休产假、年假，或管理员认为某个账户不安全需要禁用，以便进一步排查等

2. 使用 Admin 身份登录系统

步骤 1：在 Windows Server 2016 用户登录窗口中选择要登录的用户账户 Admin，如图 2.1.5 所示。

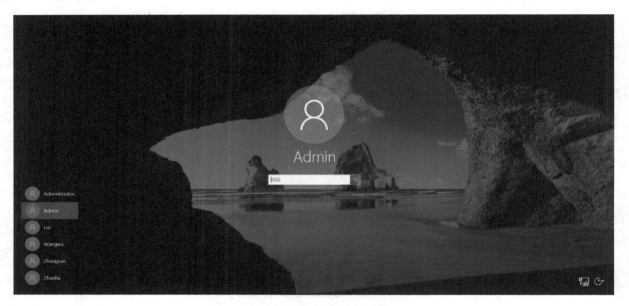

图 2.1.5　选择要登录的用户账户

步骤 2：输入密码后，按 Enter 键或单击右侧的"→"图标，如图 2.1.6 所示。

步骤 3：由于在创建用户账户时使用了默认的"用户下次登录时须更改密码"的设置，因此在此处出现"在登录之前，必须更改用户的账户密码。"的提示时，需要单击"确定"按钮对密码进行修改，如图 2.1.7 所示。

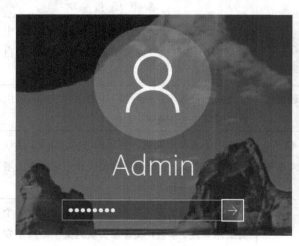

图 2.1.6　输入密码

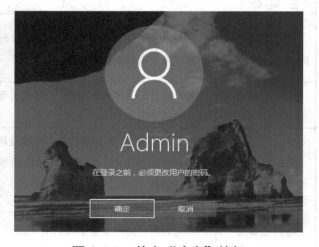

图 2.1.7　单击"确定"按钮

步骤 4：连续输入两次新密码后，按 Enter 键或单击"→"图标。

步骤 5：在出现"你的密码已更改"的提示时，单击"确定"按钮，并单击"登录"按钮，即可进入系统。

步骤 6：登录后即可查看 Admin 的桌面环境，也可以在"开始"菜单中进一步查看当前登录的用户，如图 2.1.8 所示。

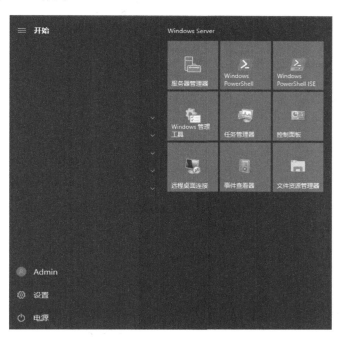

图 2.1.8　查看当前登录的用户

3．管理本地用户账户

1）重新设置密码

在正常情况下，用户应该自己维护账户密码。但假如出现用户在忘记了密码，又没有创建密码重置盘的情况下，管理员可以为其重新设置密码。

重新设置密码的操作是在"计算机管理"窗口中进行的，这里假设要重新设置密码的用户账户为 Wangwu，具体步骤如下。

步骤 1：以 Administrator 身份登录系统，依次选择"开始"→"服务器管理器"→"工具"→"计算机管理"命令，打开"计算机管理"窗口。

步骤 2：在"计算机管理"窗口中，选择"系统工具"→"本地用户和组"→"用户"选项，右击需重新设置密码的用户账户"Wangwu"并在弹出的快捷菜单中选择"设置密码"命令，如图 2.1.9 所示。

步骤 3：在弹出的"为 Wangwu 设置密码"对话框中，如果确定由管理员重新设置密码，则单击"继续"按钮，如图 2.1.10 所示。

步骤4：在对话框中，输入两次新的账户密码，单击"确定"按钮，如图2.1.11所示。

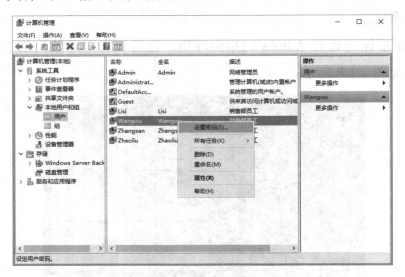

图2.1.9　重新设置密码

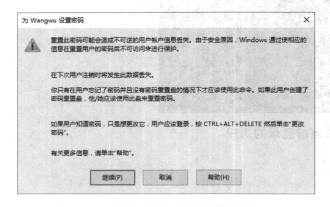

图2.1.10　单击"继续"按钮

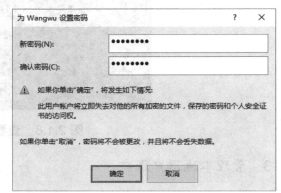

图2.1.11　输入新的账户密码

2）重命名用户账户

由于用户账户的所有权限、信息、属性等实际上是绑定在SID上而不是用户名上的，因此，对用户账户进行重命名并不会影响任何用户账户权限。

如果公司员工离职，同时该岗位需要招聘新员工来补充，那么可以不必删除离职员工的用户账户，只需使用重命名的方式即可直接将用户账户传递给新员工使用，这样可以保证用户账户数据不受损失。

另外，重命名管理员账户Administrator和来宾账户Guest，可以使未授权的人员在猜测此特权用户账户的用户名和密码时增大难度，进而提高系统的安全性。

重命名用户账户的操作是在"计算机管理"窗口中进行的，这里假设要重命名的用户账户为Admin，具体步骤如下。

步骤1：以Administrator身份登录系统，依次选择"开始"→"服务器管理器"→"工具"→"计算机管理"命令，打开"计算机管理"窗口。

步骤 2：在"计算机管理"窗口中，选择"系统工具"→"本地用户和组"→"用户"选项，右击用户账户"Admin"并在弹出的快捷菜单中选择"重命名"命令，如图 2.1.12 所示。

图 2.1.12 重命名用户账户

3）删除用户账户

假如公司有员工离职了，为了防止其继续使用公司账户登录计算机系统，也为了避免出现太多的垃圾账户，管理员可以采取删除用户账户的方式来回收他的用户账户，但在执行删除操作之前应确认其必要性，因为删除用户账户的操作是不可逆的，删除用户账户会导致与该用户账户有关的所有信息丢失。因为每一个账户都有一个名称之外的 SID，SID 在新增用户账户时由系统自动产生，不同用户账户的 SID 不相同。由于系统在设置用户账户的权限、访问控制列表中的资源访问能力等信息时，内部都使用 SID，因此一旦用户账户被删除，这些信息也就跟着消失了。即使重新创建一个名称相同的用户账户，也不能获得原先用户账户的权限。注意，系统内置账户如 Administrator、Guest 等，是无法删除的。

删除用户账户的操作是在"计算机管理"窗口中进行的，这里假设要删除的用户账户为 Wangwu，具体步骤如下。

步骤 1：以 Administrator 身份登录系统，依次选择"开始"→"服务器管理器"→"工具"→"计算机管理"命令，打开"计算机管理"窗口。

步骤 2：在"计算机管理"窗口中，选择"系统工具"→"本地用户和组"→"用户"选项，右击要删除的用户账户"Wangwu"并在弹出的快捷菜单中选择"删除"命令，如图 2.1.13 所示。

步骤 3：在弹出的"本地用户和组"对话框中，单击"是"按钮，确认删除，如图 2.1.14 所示。

图 2.1.13　删除用户账户

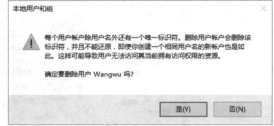

图 2.1.14　单击"是"按钮

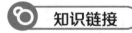 知识链接

用户账户是计算机操作系统实现其安全机制的一种重要手段，操作系统通过用户账户来辨别用户身份，从而让具有一定使用权限的用户账户登录计算机，访问本地计算机资源或从网络中访问这台计算机的共享资源。

1. 本地用户账户

本地用户账户指安装了 Windows Server 2016 的计算机在本地安全目录数据库中建立的用户账户。本地用户账户只能登录建立该用户账户的计算机，以及访问该计算机的系统资源。此类用户账户通常在工作组网络中使用，显著特点是基于本机的。

当本地用户账户建立在非域控制器的 Windows Server 2016 独立服务器、成员服务器及其他 Windows 客户端上时，本地用户账户只能在本地计算机上登录，无法访问域网络环境模式中的其他计算机资源。

每台本地计算机上都有一个管理账户数据的数据库，这个数据库被称为安全账户管理器（SAM）。SAM 数据库文件的路径为\Windows\system32\config\SAM。在 SAM 中，每个账户被赋予唯一的 SID，用户若要访问本地计算机，则必须经过该计算机的 SAM 中的 SID 验证。

2. 内置账户

Windows Server 2016 中还有一种账户，叫作内置账户，内置账户与服务器的工作模式无关。在 Windows Server 2016 安装完成后，系统会在服务器上自动创建一些内置账户，常用的两个内置账户是 Administrator 和 Guest。表 2.1.3 中描述了内置账户 Administrator 和 Guest 的特点。

表 2.1.3　内置账户 Administrator 和 Guest 的特点

内 置 账 户	特　　　点
Administrator	Administrator 拥有最高的权限，管理 Windows Server 2016 和域。管理员的默认名称是 Administrator，用户可以更改管理员的名称，但不能删除该账户。Administrator 无法被禁止，永远不会到期，不受登录时间和登录设备的限制，但为了安全期间，建议为其重命名
Guest	Guest 为临时访问计算机的用户提供。Guest 自动生成，且不能被删除，但用户可以更改其名称。Guest 只拥有很少的权限，在默认情况下，Guest 是被禁用的。例如，当希望局域网中的用户都可以登录自己的计算机，但又不愿意为每个用户建立一个用户账户时，就可以启用 Guest

3. 用户账户命名规则

在创建用户账户前，应制定创建用户账户遵循的规则，以便统一管理用户账户，提供高效、稳定的系统应用环境。

1）用户账户命名注意事项

一个良好的用户账户命名策略有助于系统账户的管理。

（1）用户名必须唯一：本地用户名必须在本地计算机系统中是唯一的。

（2）用户名不能包含的字符有 "\" "/" "[]" "?" "+" "*" "@" "|" "=" "<" ">" 等。

（3）用户名最长只能包含 20 个字符。虽然用户可以输入超过 20 个字符，但是系统只识别前 20 个字符。

（4）用户名不区分大小写。

2）用户账户命名推荐策略

为加强用户账户管理，在企业应用环境中通常采用下列命名规范。

（1）用户全名：建议在设置用户全名时，使用企业员工的真实姓名，这样便于管理员查找、管理用户账户。比如，企业员工张艺腾，管理员在创建用户账户时将其姓指定为"张"，名指定为"艺腾"，则用户在打开"Active Directory 用户和计算机"窗口时可以迅速查找到该用户账户。

（2）用户登录名：用户登录名一般要符合方便记忆和安全性的特点。用户登录名一般采用姓的拼音加名的首字母，如将张艺腾的用户登录名设置为 Zhangyt。

4. 用户账户密码设置规则

1）用户账户密码设置注意事项

（1）Administrator 必须指定一个密码，并且除管理员外的用户不能随便使用该账户。

（2）管理员在创建用户账户时，可以给每个用户账户指定一个唯一的密码，以防其他用户对其进行更改，最好让该用户在第一次登录时修改自己的密码。

2）用户账户密码设置推荐策略

（1）采用长密码：Windows Server 2016 的用户账户密码最长可以包含 127 个字符，理论上来说，用户账户密码越长，安全性就越高。

（2）采用大小写、数字和特殊字符组合密码：Windows Server 2016 的用户账户密码严格区分大小写。采用大小写、数字和特殊字符组合密码，将使用户账户密码更加安全。

5. 使用 net user 命令创建本地用户账户

创建并管理系统账户是管理员的基本职责之一。虽然使用计算机管理界面创建用户账户的操作很简单，但是如果要创建大量的用户账户，就会非常麻烦。在这种情况下，使用 net user 命令十分合适。

1）命令规则语法

net user [username {password|*}] [options] [/DOMAIN] /ADD|DEL [/TIMES: {times|ALL}]

●username：需要进行添加、删除、修改或浏览的用户名，用户名不能超过 20 个字符。

●password：设置或修改用户账户密码。在默认情况下，用户账户密码必须满足密码策略（长度、复杂度、字符等）要求，最多为 14 个字符。

●*：密码提示符。用户在密码提示符状态下输入密码时，不显示密码。

●/DOMAIN：在当前 Active Directory 域环境的域控制器上执行操作。

●/ADD：将用户账户添加到本地服务器的用户账户数据库中（适用于工作组环境）。

●/DEL：删除用户账户。

●options 选项如下所示。

●/ACTIVE:{YES|NO}：激活或禁用用户账户。激活为 YES，禁用为 NO，默认值为 YES。

●/COMMENT: "text"：用户描述信息。

●/TIMES:{times|ALL}*：用户可以登录的时间。TIMES 的表达方式是 day[-day] [,day[-day],time[-time][,time[-time]]，增量限制在 1 小时。天可以是全部拼写或缩写，小时可以是 12 小时或 24 小时制。12 小时制可以使用 AM、PM 来标记上午、下午。ALL 表示用户不受登录时间限制，空值表示用户永远不能登录。使用逗号可以分隔日期和时间，使用分号可以分隔多个日期项和时间项。

2）命令示例

步骤 1：创建一个用户账户，用户名为 Pengwu，密码为 1qaz!QAZ，相关命令如图 2.1.15 所示。

步骤 2：创建一个用户账户，用户名为 Lisi，密码为 1qaz!QAZ，登录时间为星期一至星期五的每天 9：00～18：00，相关命令如图 2.1.16 所示。

步骤 3：删除一个用户名为 Pengwu 的用户账户，相关命令如图 2.1.17 所示。

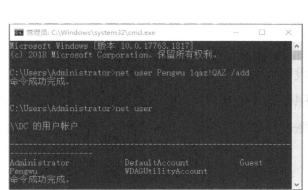

图 2.1.15　创建用户账户的相关命令 1

图 2.1.16　创建用户账户的相关命令 2

图 2.1.17　删除用户账户相关命令

任务小结

（1）用户账户是登录服务器或计算机的最小身份单位，每个用户账户都包含了用户名和密码，用于验证用户的身份。

（2）用户账户使用唯一的 SID 来区分用户身份、记录权限，对用户账户进行重命名操作不会改变其 SID。

创建本地用户账户、本地组，并测试这些用户账户是否具备关闭计算机的权限，具体要求如下。

（1）创建 test 组并将 test1~test10 加入该组。

（2）以 test1 身份登录系统测试能否关闭计算机。

任务 2.2 ▶ 创建与管理本地组

任务描述

小彭为公司员工创建了用户账户，但由于没有对这些用户账户进行分组，因此其显得有些杂乱，现小彭准备对所有员工的用户账户按照部门进行分类管理，可以通过建立本地组来实现账户。本地组既是多个用户账户、计算机账户、联系人账户和其他组的集合，又是操作系统实现其安全管理机制的重要技术手段。

任务要求

使用本地组可以同时为多个用户账户或计算机账户指派一组公共的资源访问权限和系统管理权利，而不必单独为每个账户指派权限和权利，从而简化管理，提高效率。小彭对各个部门员工按照部门名称建立组。组及权限分配如表 2.2.1 所示。

表 2.2.1　组、用户账户及权限分配

组	用户账户	姓　名	角　色	备　注
Administrators	Admin	小彭	网络管理员	管理员组
Sales	Zhangsan	张三	销售部员工	销售部组
	Lisi	李四		
Finances	Wangwu	王五	财务部员工	财务部组
	Zhaoliu	赵六		

任务实施

1. 创建本地组

在进行创建本地组的操作时，用户账户必须是管理员组或 Power Users 组的成员。具体的创建步骤如下。

步骤 1：以 Administrator 身份登录系统，依次选择"开始"→"服务器管理器"→"工具"→"计算机管理"命令，打开"计算机管理"窗口。

步骤 2：在"计算机管理"窗口中，选择"系统工具"→"本地用户和组"选项，右击"组"选项，在弹出的快捷菜单中选择"新建组"命令，如图 2.2.1 所示。

步骤 3：在"新建组"对话框中，依次输入组名、描述信息，此处以 Sales 组为例，信息填写完成后，单击"创建"按钮，如图 2.2.2 所示。

图 2.2.1　"计算机管理"窗口

图 2.2.2　输入新建组信息

步骤 4：参考上述步骤创建 Finances 组，创建完成后的用户组列表如图 2.2.3 所示。

图 2.2.3　创建完成后的用户组列表

2. 管理本地组

1）管理本地组成员

在创建本地组的同时可以为其添加成员，也可以在创建本地组之后再添加成员。本地组成员可以是用户账户，也可以是其他组用户账户。

步骤 1：在"计算机管理"窗口中，选择"系统工具"→"本地用户和组"→"组"选项，双击本地组"Sales"，打开"Sales 属性"对话框，如图 2.2.4 所示。

步骤 2：在"Sales 属性"对话框中，单击"添加"按钮，打开"选择用户"对话框，单击"高级"按钮，如图 2.2.5 所示。

图 2.2.4 "Sales 属性"对话框

图 2.2.5 "选择用户"对话框 1

步骤 3：单击"立即查找"按钮，在"搜索结果"列表框中选择"Lisi"和"Zhangsan"选项，单击"确定"按钮，如图 2.2.6 所示。

步骤 4：返回如图 2.2.5 所示的对话框，单击"确定"按钮，如图 2.2.7 所示。

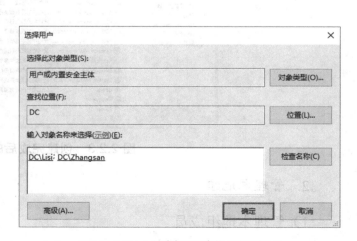

图 2.2.6 "选择用户"对话框 2

图 2.2.7 "选择用户"对话框 3

步骤 5：返回"Sales 属性"对话框，可以看到"成员"列表框中显示的"Lisi"和"Zhangsan"，单击"确定"按钮，如图 2.2.8 所示。

图 2.2.8　向 Sales 组中添加成员

步骤 6：参考上述步骤将用户账户 Wangwu、Zhaoliu、Admin 添加到对应的用户组中，如图 2.2.9 和图 2.2.10 所示。

图 2.2.9　向 Finances 组中
添加用户账户

图 2.2.10　向 Administrators 组中
添加用户账户

2）重命名本地组

重命名本地组与重命名本地用户账户的方法类似。在"计算机管理"窗口中,选择"系统工具"→"本地用户和组"→"组"选项,右击一个用户组,在弹出的快捷菜单中选择"重命名"命令,填写新组名即可。

3）删除本地组

对于系统不再需要的本地组,管理员可以将其删除,但只能删除自建的本地组,不能删除系统内置的本地组。因为每一个本地组都有 SID,所以同删除本地用户账户一样,删除本地组的操作也是不可逆的。注意,删除本地组并不会导致组内成员账户被删除。

删除本地组的操作是在"计算机管理"窗口中进行的,这里假设要删除的本地组为 TC,具体步骤如下。

步骤 1:以 Administrator 身份登录系统,依次选择"开始"→"服务器管理器"→"工具"→"计算机管理"命令,打开"计算机管理"窗口。

步骤 2:在"计算机管理"窗口中,选择"系统工具"→"本地用户和组"→"组"选项,右击要删除的本地组"Sales",在弹出的快捷菜单中选择"删除"命令,如图 2.2.11所示。

步骤 3:系统会弹出一个与删除本地用户账户类似的提示对话框,告知风险。如果确定要删除,则单击"是"按钮,如图 2.2.12 所示。

图 2.2.11　"计算机管理"窗口

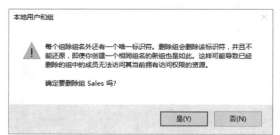

图 2.2.12　删除本地组风险提示

1. 本地组

作为管理员,如果能够使用本地组来管理本地用户账户的权限,那么可以简化操作。

本地组是本地用户账户的集合。合理地使用本地组来管理本地用户账户的权限，能够为管理员减轻负担。例如，当针对业务部组设置权限后，业务部组内的所有用户账户都会自动拥有此权限，不再需要单独为每个用户账户设置权限。

与本地用户账户类似，本地组安装完操作系统后会自动建立一些特殊用途的内置本地组，常用的内置本地组可以分为需要人为添加成员的内置本地组和动态包含成员的内置本地组。

1）内置本地组

内置本地组是在系统安装时默认创建的，并被授予特定的权限，以便计算机的管理。常见的内置本地组有下面几个。

（1）Administrators：在系统内具有最高权限，如赋予权限、添加系统组件、升级系统、配置系统参数和配置安全信息等。内置管理员账户是 Administrators 组的成员。如果一台计算机加入域，则域管理员账户自动加入该组，并且拥有管理员账户的权限。属于 Administrators 组的用户账户都具备管理员账户的权限，拥有对这台计算机最大的控制权，Administrator 就是 Administrators 组的成员，而且无法将其从此本地组中删除。

（2）Guests：Guest 是 Guests 组的成员，一般是在域中或计算机中没有固定账户的用户临时访问域或计算机时使用。Guest 在默认情况下不允许对域或计算机中的设置和资源进行更改。出于安全考虑，Guest 在 Windows Server 2016 安装好之后是被禁用的，如果需要，那么可以手动启用。应该注意分配给该用户账户的权限，因为该用户账户经常是黑客攻击的主要对象。

（3）IIS_IUSRS：IIS（Information Services，Internet 信息服务）使用的内置本地组。

（4）Users：一般用户所在的组，所有创建的本地用户账户都自动属于此组。Users 组对系统有基本的权限，如运行程序，但其权限会受到很大的限制。比如，其可以对系统有基本的权限，如运行程序、使用网络，但不能关闭 Windows Server 2016，不能创建共享目录和使用本地打印机。如果这台计算机加入域，则域用户账户会自动被加入该组。

（5）Network Configuration Operators：该组的成员可以更改 TCP/IP 设置，并且可以更新和发布 TCP/IP 地址。该组中没有默认成员。

2）内置特殊组

除了以上所述的内置本地组和内置域组，还有一些内置特殊组。内置特殊组存在于每台装有 Windows Server 2016 的计算机内，用户无法更改这些组的成员。也就是说，无法在"Active Directory 用户和计算机"或"本地用户和组"内看到并管理这些组，这些组只有在设置权限时才会被看到。以下列出了 3 个常用的内置特殊组。

（1）Everyone：包括所有访问该计算机的本地用户账户，当 Everyone 指定了权限并启用了 Guest 时一定要小心，Windows 会将没有有效账户的用户当成 Guest，该账户将会自动得到 Everyone 的权限。

（2）Creator Owner：文件等资源的创建者就是该资源的 Creator Owner。不过，如果创建者是属于 Administrators 组的成员，则其 Creator Owner 为 Administrators 组。

（3）Hyper-V Administrators：虽然在一般情况下都是由管理员进行虚拟机的设置的，但是有时也需要一些受限用户来操作虚拟机，也就是普通用户。在默认情况下，普通用户是没有虚拟机管理权限的，但是可以通过添加用户账户（aaa）、添加 Hyper-V 管理员组的方式将普通用户设置为 Hyper-V 管理员。

2. 使用 net localgroup 命令创建本地组

与创建本地用户账户一样，本地组也可以使用命令来创建。

1）命令规则语法

NET LOCALGROUP [groupname [/COMMENT:"text"]] [/DOMAIN] groupname {/ADD [/COMMENT:"text"] | /DELETE} [/DOMAIN] groupname name [...] {/ADD | /DELETE} [/DOMAIN]

●NET LOCALGROUP：修改计算机上的本地组。当不带选项使用本命令时，它会显示计算机上的本地组。

●groupname：需要添加、扩充或删除的本地组的名称。只要输入组名就可以浏览本地组中的用户账户或全局组列表。

●/COMMENT:"text"：为一个新的或已存在的组添加注释，需将文本包含在引号中。

●/DOMAIN：在当前域的主域控制器上执行操作。否则，在本地计算机上执行这个操作。

●name [...]：列出一个或多个需要从一个本地组中添加或删除的用户名或组名。可以用空格将多个用户名分隔开。用户名可以是用户账户的用户名也可以是全局组的用户名，但不可以是其他本地组的用户名。如果一个用户来自另外一个域，那么应在用户名前加上域名（如 SALES\RALPHR）。

●/ADD：将一个组名或用户名添加到一个本地组中。必须为使用此命令添加到本地组中的用户或全局组建立一个账户。

●/DELETE：将一个组名或一个用户名从一个本地组中删除。

2）命令示例

步骤 1：创建一个本地账户组 Managers，相关命令如图 2.2.13 所示。

步骤 2：将用户名为 Sunqi（该用户已存在）的用户账户加入本地组 Managers，相关命令如图 2.2.14 所示。

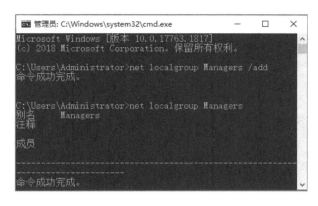

图 2.2.13　创建 Managers 组

图 2.2.14　将 Sunqi 加入 Managers 组

步骤 3：删除 Managers 组，相关命令如图 2.2.15 所示。

图 2.2.15　删除 Managers 组

任务小结

（1）本地组是本地用户账户的逻辑集合，使用本地组可以对具有相同权限要求的本地用户账户进行管理。

（2）一个本地组可以有多个本地用户账户作为成员，一个本地用户账户也可隶属于多个本地组。

任务拓展

创建本地用户账户和本地组，并测试这些本地用户账户是否具备关闭计算机的权限，具体要求如下。

（1）创建用户名为 test201 的本地用户账户，同时隶属于 Administrators 组和 Users 组，测试其是否具有关闭系统的权限。

（2）在关闭系统策略中添加本地组 Everyone，允许在装有 Windows Server 2016 的服务器上的所有本地用户账户能够关闭计算机。

任务 2.3 ▶ 配置本地安全策略

任务描述

小彭要对公司员工使用的计算机配置安全策略，这样可以在一定程度上保护服务器的安全，并有效限制用户对服务器的登录尝试。

任务要求

在 Windows Server 2016 中，除了创建和删除用户账户等，为确保计算机系统的安全，管理员还需要应用与用户账户相关的一些操作对本地安全进行设置，从而达到提高系统安全性的目的。设置本地安全策略可以确保系统的安全性，基本配置如表 2.3.1 所示。

表 2.3.1　本地安全策略基本配置

项　　目	说　　明
密码策略	密码长度最小值，至少 8 个字符
	密码最长使用期限，0 天
账户锁定策略	密码输入错误达到 5 次，账户锁定时间为 10 分钟
	重置账户锁定计数器，10 分钟之后
本地策略	查看账户登录事件记录
	赋予 Sales 组关闭系统的权限

任务实施

1. 设置密码策略

步骤 1：以 Administrator 身份登录系统，依次选择"开始"→"服务器管理器"→"工具"→"本地安全策略"命令，打开"本地安全策略"窗口。

步骤 2：在"本地安全策略"窗口中，选择"安全设置"→"账户策略"→"密码策略"选项，在右侧双击"密码长度最小值"选项，如图 2.3.1 所示。

步骤 3：在弹出的"密码长度最小值 属性"对话框中，将"密码长度最小值"设置为 8 个字符，单击"确定"按钮，如图 2.3.2 所示。

步骤 4：在"本地安全策略"窗口中，双击"密码最长使用期限"选项，如图 2.3.3 所示。在弹出的"密码最长使用期限 属性"对话框中，将"密码不过期"设置为 0 天，单击"确定"按钮，如图 2.3.4 所示。至此，密码策略设置完成。

图 2.3.1　双击"密码长度最小值"选项

图 2.3.2　设置密码长度最小值

图 2.3.3　双击"密码最长使用期限"选项

图 2.3.4　修改密码最长使用期限

步骤 5：测试密码策略。对新建的一个密码长度为 7 个字符、用户名为 Tianqi 的用户账户进行测试，由于密码不满足密码策略的要求，因此系统会出现错误提示，如图 2.3.5 所示。此时，需要输入满足策略要求的密码。

2. 设置账户锁定策略

步骤 1：在"本地安全策略"窗口中，选择"安全设置"→"账户策略"→"账户锁定策略"选项，在右侧双击"账户锁定阈值"选项，如图 2.3.6 所示。

步骤 2：在"账户锁定阈值 属性"对话框中，设置 5 次无效登录之后锁定账户，单击"确定"按钮，

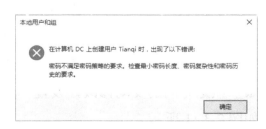

图 2.3.5　错误提示

如图 2.3.7 所示。

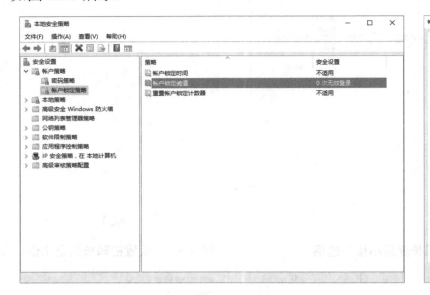

图 2.3.6 双击"账户锁定阈值"选项

图 2.3.7 设置账户锁定阈值

步骤 3：在弹出的"建议的数值改动"对话框中，显示"账户锁定时间"建议的设置为"30 分钟"，"重置账户锁定计数器"建议的设置为"30 分钟之后"，这两个选项可以在后续步骤中按需修改，此处单击"确定"按钮，如图 2.3.8 所示。

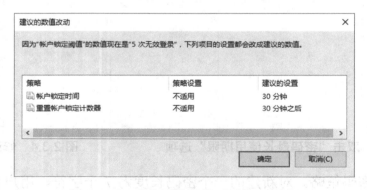

图 2.3.8 "建议的数值改动"对话框

步骤 4：返回"本地安全策略"窗口，双击"账户锁定时间"选项，如图 2.3.9 所示。

步骤 5：在弹出的"账户锁定时间 属性"对话框中，按需将"账户锁定时间"设置为 10 分钟，单击"确定"按钮，如图 2.3.10 所示。

步骤 6：在弹出的"建议的数值改动"对话框中，建议重置账户锁定计数器的数值随账户锁定时间的变动修改，设置"建议的设置"为"10 分钟之后"，单击"确定"按钮，如图 2.3.11 所示。

步骤 7：返回"本地安全策略"窗口，即可查看已完成的设置，如图 2.3.12 所示。

图 2.3.9 双击"账户锁定时间"选项

图 2.3.10 设置账户锁定时间

图 2.3.11 "建议的数值改动"对话框

图 2.3.12 查看已完成的设置

步骤 8：测试账户锁定策略。当某个用户登录失败超过 5 次时，该账户将被锁定 10 分钟。在本任务中，切换到用户名为 Zhaoliu 的用户账户并在登录窗口中输入 5 次错误密码，即可看到用户账户被锁定的信息，如图 2.3.13 所示。

图 2.3.13 用户账户被锁定的信息

3．手动解锁用户账户

账户锁定策略设置完成后，若需在账户锁定时间内解锁用户账户，则必须使用管理员用户账户完成解锁。

步骤1：以 Administrator 身份登录系统，在"计算机管理"窗口中，双击被锁定的用户账户"Zhaoliu"，如图 2.3.14 所示。

步骤2：在"Zhaoliu 属性"对话框中，选择"常规"选项卡，可以看到"账户已锁定"复选框为勾选状态。此时，取消勾选"账户已锁定"复选框，单击"确定"按钮，即可解锁用户账户，如图 2.3.15 所示。之后，可以再次尝试使用该用户账户登录系统。

图 2.3.14　"计算机管理"窗口

图 2.3.15　解锁用户账户

4．设置本地策略

Windows Server 2016 默认只允许使用 Administrators、Backup 组的用户账户关闭系统，若本任务中的 Sales 组的用户账户需要关闭系统，则需要设置"用户权限分配"选项。

步骤1：以 Administrator 身份登录系统，在"本地安全策略"窗口中，选择"安全设置"→"本地策略"→"用户权限分配"选项，在右侧双击"关闭系统"选项，如图 2.3.16 所示。

步骤2：在弹出的"关闭系统 属性"对话框的"本地安全设置"选项卡中，单击"添加用户或组"按钮，选择 Sales 组，单击"确定"按钮，如图 2.3.17 所示。

小贴士：

如在弹出的"选择用户或组"对话框中无法选择组，则需要先单击此对话框中的"对象类型"按钮，勾选"组"复选框，再单击"高级"按钮，最后单击"立即查找"按钮，在"搜索结果"列表框中选择组。

图 2.3.16　双击"关闭系统"选项　　　　　图 2.3.17　赋予 Sales 组

关闭系统权限

步骤 3：返回"本地安全策略"窗口，查看"关闭系统"策略匹配的组，如图 2.3.18 所示。

图 2.3.18　查看"关闭系统"策略匹配的组

步骤 4：切换用户账户，并使用 Sales 组中的用户名为 Lisi 的用户账户登录系统，可以看到该用户账户已能够关闭系统了。

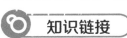 知识链接

本地安全策略影响本地计算机的安全配置，当用户登录装有 Windows Server 2016 的计算机时，就会受到此台计算机本地安全策略的影响。在学习配置本地安全策略时，建议在未加入域的计算机上配置，以免受到域组策略（在项目五中介绍）的影响，因为域组策略的优先级较高，所以可能会造成本地安全策略的配置无效或本地安全策略无法配置。

要管理本地安全策略，需要选择"开始"→"服务器管理器"→"工具"→"本地安全策略"选项，打开"本地安全策略"窗口，如图 2.3.19 所示。

图 2.3.19　"本地安全策略"窗口

本地安全策略主要包括账户策略和本地策略，详细介绍如下。

1．账户策略

1）密码策略

●密码必须符合复杂性要求：英文字母大小写、数字、特殊符号四者取其三。

●密码长度最小值：当设置为 0 时，表示不需要密码，设置范围为 0～14。

●密码最长使用期限：默认为 42 天，当设置为 0 时，表示密码永不过期，设置范围为 0～9909。

●密码最短使用期限：当设置为 0 时，表示可以随时更改密码。

●强制密码历史：最近使用过的密码不允许再次使用，设置范围为 0～24，默认为 0，表示随意使用过去使用过的密码。

2）账户锁定策略

●账户锁定阈值：在输入几次错误密码后，将锁定用户账户，设置范围为 0～999，默认为 0，表示不锁定用户账户。

●账户锁定时间：账户锁定多长时间后自动解锁，单位为分钟，设置范围为 0～99 999，当设置为 0 时，表示必须由管理员手动解锁。

●重置账户锁定计数器：用户输入的密码错误后开始计时，当超过该时间后，计数器重置为 0。此时间必须小于或等于账户锁定时间。需要注意的是，账户锁定策略对本地管理员账户无效。

2. 本地策略

1）审核策略

2）用户账户权限分配常用策略

（1）关闭系统。

（2）更改系统时间。

（3）拒绝本地登录、允许本地登录（作为服务器的计算机，不能让普通用户交互登录）。

3）安全选项

（1）安全选项常用策略。

（2）用户试图登录时的消息标题、消息文本。

（3）访问本地用户账户的共享和安全模式（经典和仅来宾）。

（4）使用空白密码的本地用户账户只允许登录到控制台上。

注意，执行 gpupdate 命令使本地安全策略生效或重新启动计算机，执行 gpupdate/force 命令强制刷新策略。

任务小结

（1）本地安全策略建议在工作组中的计算机上配置，以免配置无效或无法配置。

（2）本地策略主要包括审核策略、用户账户权限分配常用策略和安全选项常用策略。

任务拓展

在 Windows Server 2016 上，实现在登录时不显示上次登录用户名；在登录系统时，无须按组合键 Ctrl+Alt+Del。

▶ 练习题

一、选择题

1. 在装有 Windows Server 2016 的服务器上，下面哪个用户账户有重新启动服务器的权限？（   ）

    A．Guest   B．Admin

    C．User   D．Administrator

2．为了保护系统安全，下面哪个用户账户应该被禁用？（   ）

    A．Guest   B．Administrator

    C．User   D．Anonymous

3．在本地计算机上使用管理工具的（   ）工具来管理本地用户账户和组。

    A．系统管理   B．服务源   C．计算机管理   D．服务

4．某公司员工出国学习 6 个月，这时管理员最好是将该员工的账户（   ）。

    A．禁用   B．删除   C．不做处理   D．关闭

5．在系统默认情况下，下列（   ）组的成员可以创建本地用户账户。

    A．Backup Operators   B．Power Users

    C．Guests   D．Users

6．本地用户账户和组的信息存储在 "%windir%\system32\config" 文件夹的（   ）文件中。

    A．data   B．ntds.dir   C．SAM   D．user

二、实训题

某公司有多台装有 Windows Server 2016 的服务器需要互连，网络采用工作组模式，有一台文件服务器集中存储公司的各种文件，要求每个员工都能访问该服务器，各个部门在访问该服务器时具有不同的权限，具体要求如下。

1．为每个员工创建用户账户。技术部：tech01～tech05；财务部：Fin01～Fin10；销售部：Sale01～Sale20。根据权限需求使用各个部门名字的全拼创建各个部门的组，并添加成员。

2．设置密码长度为最少 8 位，3 次无效登录之后锁定用户账户，锁定时间为 5 分钟。

3．设置技术部员工的用户账户具有关闭系统的权限。

4．设置财务部员工的用户账户具有修改系统时间的权限。

项目 3

配置与管理文件服务器

项目描述

　　某公司是一家电子商务运营公司，现公司的一台公共服务器上放置了各个部门的资料，为保障数据的安全，需要根据公司人员身份的不同创建不用的用户账户，这些用户账户由于身份不同因此可以使用的计算机资源不同，可以访问的文件及文件夹的权限也不同。Windows Server 2016 提供了不同于其他操作系统的 NTFS 管理类型，在文件系统管理、安全等方面提供了强大的功能。

　　合理使用用户账户的不同权限，能够保障网络操作系统的稳定与安全。通过对 Windows Server 2016 共享文件夹的配置与管理，用户可以很方便地在计算机或网络上使用、管理、共享和保护文件及文件夹资源。

　　本项目主要介绍文件系统的基本概念、NTFS 权限的配置、EFS 的配置、文件服务器的配置和使用。项目拓扑结构如图 3.0.1 所示

dc
IP:192.168.1.201/24

虚拟交换机
所有连接采用仅主机模式

client
IP:192.168.1.210/24

图 3.0.1　项目拓扑结构

知识目标

1. 理解 NTFS 权限的概念。

2. 掌握 NTFS 权限的配置。

3. 理解共享权限与 NTFS 权限的关系。

能力目标

1. 能够使用用户账户和组对 NTFS 进行管理。

2. 能够使用 EFS 对文件进行加密，并备份和导入 EFS 证书。

3. 能够按照不同的用户账户权限需求配置和使用文件服务器。

4. 能够正确地通过客户端访问共享文件夹。

思政目标

1. 增强信息系统安全意识，能够设置文件系统权限，以授权合法的用户账户访问数据。

2. 弘扬工匠精神，不断优化调整文件系统访问控制规则，以便更好地保护数据。

3. 增强服务意识，能够为用户使用内部资源提供便捷的方法。

任务 3.1 ▶ 配置 NTFS 权限

任务描述

　　某公司有一台服务器安装了 Windows Server 2016，服务器上有一个名为"数据汇总"的文件夹，根据工作需要，管理员组内的用户账户具有对"数据汇总"文件夹的完全控制权限，销售部组内的用户账户需要读取"数据汇总"文件夹中的内容，但不能修改文件夹中的内容，财务部组内的用户账户需要读取和修改"数据汇总"文件夹中的内容。

根据公司使用需求，可以使用 NTFS 权限来控制用户账户对文件夹的访问。组或用户账户权限分配如表 3.1.1 所示。

表 3.1.1　组或用户账户权限分配

组或用户账户	NTFS 权限类型	备　注
Administrators 或 Admin	完全控制	管理员组
Sales 或 Zhangsan、Lisi	读取，但不能修改	销售部组
Finances 或 Wangwu、Zhaoliu	读取和修改	财务部组

任务实施

1. 设置 NTFS 权限

1）阻止文件夹权限的继承性

在默认情况下，授予父文件夹的任何权限也将应用于包含在该父文件夹中的子文件夹和文件。当授予访问某个文件夹的 NTFS 权限时，就将授予该文件夹的 NTFS 权限授予了该文件夹中任何已有的文件和子文件夹，以及在该文件夹中创建的任何新文件和新的子文件夹。

如果想让文件和子文件夹具有不同于其父文件夹的权限，那么必须阻止权限的继承性。

步骤 1：右击"数据汇总"文件夹，在弹出的快捷菜单中选择"属性"命令，如图 3.1.1 所示。

步骤 2：在"数据汇总 属性"对话框中，选择"安全"选项卡，单击"高级"按钮，如图 3.1.2 所示。

图 3.1.1　选择"属性"命令

图 3.1.2　"安全"选项卡

步骤 3：在"数据汇总的高级安全设置"窗口的"权限"选项卡中，单击"禁用继承"按钮，如图 3.1.3 所示。

图 3.1.3 "数据汇总的高级安全设置"窗口

步骤 4：在弹出的"阻止继承"对话框中，选择"从此对象中删除所有已继承的权限"选项，如图 3.1.4 所示。

步骤 5：返回"数据汇总的高级安全设置"窗口，单击"确定"按钮，阻止继承后的文件夹权限，如图 3.1.5 所示。

图 3.1.4 "阻止继承"对话框

图 3.1.5 阻止继承后的文件夹权限

2）添加新用户账户权限

步骤 1：在"数据汇总 属性"对话框的"安全"选项卡中，单击"编辑"按钮，如图 3.1.6 所示。

步骤 2：在"数据汇总 的权限"对话框的"Administrators 的权限"列表框中，勾选"完全控制"右侧的"允许"复选框，单击"应用"按钮，如图 3.1.7 所示。

图 3.1.6　文件夹的安全设置

图 3.1.7　设置 Administrators 组的权限

步骤 3：在"数据汇总 的权限"对话框中，单击"添加"按钮，添加权限，如图 3.1.8 所示。

步骤 4：在弹出的"选择用户或组"对话框中，先单击"高级"按钮，再单击"立即查找"按钮，添加"Sales（DS\Sales）"选项，单击"确定"按钮。

步骤 5：返回"数据汇总 的权限"对话框，在"组或用户名"列表框中添加"Sales（DC\Sales）"选项，在"Sales 的权限"列表框中勾选"读取和执行"右侧的"允许"复选框，单击"确定"按钮，如图 3.1.9 所示。

图 3.1.8　添加权限

图 3.1.9　设置 Sales 组的权限

步骤 6：使用同样的方法添加 Finances 组，并在"Finances 的权限"列表框中勾选"修改"和"读取和执行"右侧的"允许"复选框（及附加选中的权限），单击"确定"按钮，如图 3.1.10 所示。

步骤 7：返回"数据汇总 属性"对话框，若在"数据汇总"文件夹内没有子对象，则单击"确定"按钮；若在"数据汇总"文件夹内存在子对象，则单击"高级"按钮，进一步设置权限，如图 3.1.11 所示。

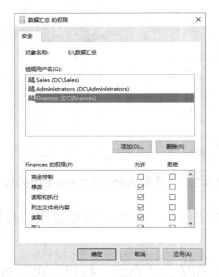

图 3.1.10　设置 Finances 组的权限

图 3.1.11　文件夹的权限设置

步骤 8：如需子对象继承上述设置的权限，则应在"数据汇总的高级安全设置"窗口的"权限"选项卡中，勾选"使用可从此对象继承的权限项目替换所有子对象的权限项目"复选框，单击"确定"按钮，如图 3.1.12 所示。

步骤 9：在弹出的"Windows 安全"对话框中，单击"是"按钮，如图 3.1.13 所示。

图 3.1.12　设置子对象继承的权限

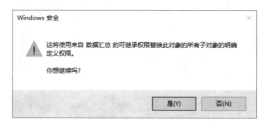

图 3.1.13　单击"是"按钮

步骤 10：返回"数据汇总 属性"对话框，单击"确定"按钮。至此，已完成本任务所需的文件夹权限设置。

2. 查看用户账户的有效访问权限

步骤 1：右击"数据汇总"文件夹，在弹出的快捷菜单中选择"属性"命令，在"数据汇总 属性"对话框的"安全"选项卡中单击"高级"按钮，在打开的"数据汇总的高级安全设置"窗口的"有效访问"选项卡中单击"选择用户"按钮，查看用户账户的有效访问权限，如图 3.1.14 所示。

图 3.1.14　查看用户账户的有效访问权限

步骤 2：选择 Admin，单击"查看有效访问"按钮，可以查看该用户账户对"数据汇总"文件夹的有效访问权限，满足本任务中 Administrators 组中的用户账户对文件夹进行控制的需求，如图 3.1.15 所示。

图 3.1.15　查看 Administrators 组中用户账户的有效访问权限

步骤 3：使用同样的方法查看 Lisi 对"数据汇总"文件夹的有效访问权限，满足本任务中 Sales 组中的用户账户可以查看文件夹内数据的需求，如图 3.1.16 所示。

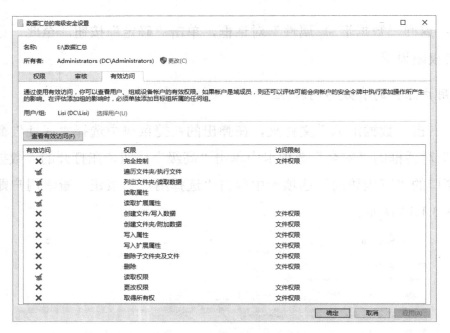

图 3.1.16 查看 Sales 组中用户账户的有效访问权限

步骤 4：使用同样的方法查看 Wangwu 对"数据汇总"文件夹的有效访问权限，满足本任务中 Finances 组中的用户账户对文件夹进行读/写等操作的需求，如图 3.1.17 所示。

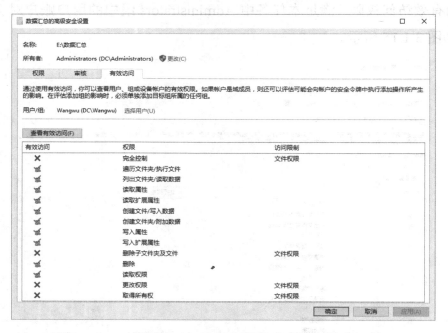

图 3.1.17 查看 Finances 组中用户账户的有效访问权限

3. 测试 NTFS 权限

步骤 1：使用 Finances 组中的 Wangwu 登录系统，并尝试访问"数据汇总"文件夹，由于该组中的用户账户对文件夹拥有读取和修改权限，因此该组中的用户账户能够进行创建、修改、删除文件和文件夹，以及编辑文档等操作，如图 3.1.18 所示。

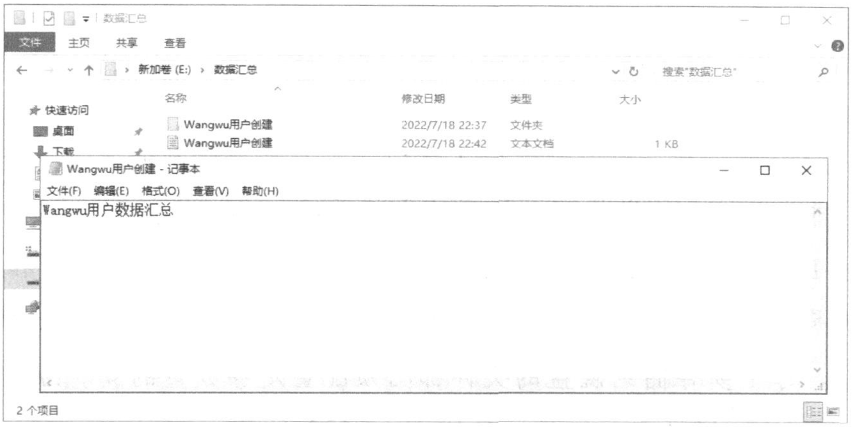

图 3.1.18 测试 Finances 组中的用户账户对指定文件夹的权限

步骤 2：使用 Sales 组中的 Lisi 登录系统，并尝试访问"数据汇总"文件夹，由于该组中的用户账户只有读取权限，没有修改权限，因此在进行修改文件的操作时会提示没有权限，进而被拒绝，如图 3.1.19 所示。

图 3.1.19 测试 Sales 组中的用户账户对指定文件夹的权限

知识链接

文件系统是操作系统在存储设备上按照一定的原则组织、管理数据所用的总体结构，规定了计算机对文件和文件夹的操作标准和机制。具体来说，它负责为用户建立文件，存入、读出、修改、转储文件，控制文件的存取，当用户不再使用时撤销文件等。

Windows Server 2016 提供了强大的文件管理功能，其 NTFS 具有高安全性，用户可以十分方便地在计算机或网络上处理、使用、组织、共享和保护文件及文件夹。Windows Server 2016

主要使用两种文件系统，分别为 FAT（File Allocation Table）和 NTFS（New Technology File System）。

1. FAT

FAT 是文件分配表，是一个由微软公司发明并拥有部分专利的文件系统，供 MS-DOS 使用，也是所有非 NT 核心的微软窗口使用的文件系统。FAT 包括 FAT16 和 FAT32 两种。

FAT16 使用 16 位空间来表示每个扇区配置文件的情形，在 MS-DOS 和 Windows 中，磁盘文件的分配是以簇为单位的。所谓簇，就是磁盘空间的配置单位，就像图书馆内一格一格的书架一样。每个要存储到磁盘的文件都必须配置足够数量的簇。FAT16 最大可以管理大小为 2GB 的分区，但每个分区最多只能有 65 525 个簇。

一个簇只能分配给一个文件使用，不管这个文件占用整个簇容量的多少。此外，每个簇的容量由分区大小来决定，分区越大簇容量就越大。例如，大小为 1GB 的硬盘若只分为一个区，那么簇容量就是 32KB，即使一个文件只有 1 字节长，在存储时也要占用大小为 32KB 的磁盘空间，剩余的磁盘空间便全部闲置，这导致磁盘空间的极大浪费。因此，FAT16 支持的分区越大，磁盘上每个簇容量也就越大，造成的浪费也就越大。

为了解决 FAT16 对于卷大小的限制，同时让 MS-DOS 的真实模式在不减少可用常规内存状况下处理这种格式，微软公司决定实施新一代的 FAT，即 FAT32。FAT32 使用 32 位空间来表示每个扇区配置文件的情形。随着更大的硬盘容量的出现，从 Windows 98 开始，FAT32 开始流行。FAT32 是 FAT16 的增强版本，不仅支持最大磁盘大小为 2TB，而且还具有一个优点，即在一个大小不超过 8GB 的分区中，FAT32 分区的每个簇容量都固定为 4KB，与 FAT16 的 32KB 相比，使用 FAT32 分区可以大大减少磁盘空间的浪费，提高磁盘空间的利用率。但是这种分区也有缺点。由于文件分配表的扩大，因此使用 FAT32 分区的磁盘的运行速度比使用 FAT16 分区的硬盘要慢。

2. NTFS

NTFS 是 Windows NT 内核的系列操作系统支持的一种特别为网络和磁盘配额、文件加密等管理安全特性设计的磁盘格式，提供了长文件名、数据保护和恢复功能，能够通过目录和文件许可实现安全性，并支持跨越分区。

NTFS 功能强大，以卷为基础，卷建立在分区上。分区是磁盘的基本组成部分，是一个能够被格式化的逻辑单元。一块磁盘可以分成多个卷，一个卷也可以由多块磁盘组成。卷中的一切都是文件，文件中的一切都是属性（从数据属性先到安全属性，再到文件名属性），NTFS 卷中的每个扇区都分配给了某个文件，甚至系统的超数据也是文件的一部分。

NTFS 是 Windows Server 2016 推荐使用的高性能文件系统，支持许多新的文件安全、存储和容错功能，而这些功能也是 FAT 所缺乏的。NTFS 具有如下特点。

（1）NTFS 支持的分区大小可以达到 2TB。如果是 FAT32，则其支持的最大分区大小为 32GB。

（2）NTFS 是一个可恢复的文件系统。NTFS 通过使用标准的事物处理日志和恢复技术来保证分区的一致性。

（3）NTFS 支持对分区、文件夹和文件的压缩。

（4）NTFS 采用了容量更小的簇，可以有效地管理磁盘空间。

（5）在 NTFS 分区上，可以为共享资源、文件及文件夹设置访问许可权限。

（6）在 Windows Server 2016 的 NTFS 下可以进行磁盘配额管理。

（7）NTFS 使用"变更"日志来跟踪记录文件所发生的变更。

FAT32 只能设置共享方式的访问权限，而不能设置文件和文件夹的访问权限。而 NTFS 拥有更高的安全性，不仅可以设置共享方式的访问权限，而且可以设置文件和文件夹的访问权限，因此应该优先选用 NTFS。

3. NTFS 权限概述

Windows Server 2016 在 NTFS 卷上提供了 NTFS 权限，允许管理员为每个用户账户或组指定 NTFS 权限，以保护文件和文件夹资源的安全。NTFS 权限只适用于 NTFS 分区，不能用于 FAT 或 FAT32 分区。

不管是本地用户还是网络用户，最终都要通过 NTFS 权限的"检查"才能访问 NTFS 分区上的文件或文件夹。不同于读取、更改和完全控制 3 种共享权限，NTFS 权限要稍微复杂和精细一些。NTFS 权限的类型包括完全控制（Full Control）、修改（Modify）、显示文件夹内容（List Folder Contents）、读取和运行（Read & Execute）、写入（Write）、读取（Read）、特别的权限（Special）。这几种权限对文件和文件夹的作用有所不同，具体说明如表 3.1.2 所示。

表 3.1.2　NTFS 权限类型说明

权 限 类 型	文件的权限说明	文件夹的权限说明
完全控制	改变权限，成为拥有人，读、写、更改或删除文件	改变权限，成为拥有人，读、写、更改或删除文件和子文件夹
修改	读、写、更改或删除文件	读、写、更改或删除文件和子文件夹
显示文件夹内容	N/A	列出文件夹的内容

续表

权 限 类 型	文件的权限说明	文件夹的权限说明
读取和运行	读取文件的内容，运行应用程序	遍历文件夹，读取文件和子文件夹的内容，运行应用程序
写入	覆盖写入文件，修改文件的属性，查看文件的拥有人和权限，但不能删除文件	创建文件或子文件夹，修改子文件夹的属性，查看子文件夹的拥有人和权限
读取	读取文件的内容，查看文件的属性、文件的拥有人和权限	读取文件夹或子文件夹的内容，查看子文件的属性、文件的拥有人和权限
特别的权限	读取属性、写入属性、更改权限等不常用的权限	读取属性、写入属性、更改权限等不常用的权限

4. 权限设置规则

1）累加

用户账户对某个文件或文件夹的有效权限，是用户账户和其隶属的所有组的权限总和。例如，Zhangsan 隶属于 Users 组和 NM 组。NTFS 权限累加实例如表 3.1.3 所示。

表 3.1.3　NTFS 权限累加实例

用户账户或组	对某个文件或文件夹的允许权限	有 效 权 限
Zhangsan	写入	完全控制（写入+读取+完全控制）
Users	读取	
NM	完全控制	

2）拒绝优先

虽然 NTFS 权限遵循累加规则，但是其中若有一种权限来源设置为拒绝，则用户账户不会被授予该权限。例如，Zhangsan 隶属于 Users 组和 NM 组。NTFS 权限拒绝优先实例如表 3.1.4 所示。

表 3.1.4　NTFS 权限拒绝优先实例

用户账户或组	对某个文件或文件夹的允许权限	读 取 权 限
Zhangsan	允许	拒绝
Users	允许	
NM	拒绝	

3）指定优于继承

指定优于继承即某个用户账户或组明确的权限设置优先于继承的权限设置。例如，对于当前文件或文件夹而言，从父项继承而来的权限中显示 Zhangsan 的读取权限为拒绝状态，但又进行了指定，则以指定权限优先。NTFS 权限指定优先实例如表 3.1.5 所示。

表 3.1.5　NTFS 权限指定优先实例

权 限 来 源	对某个文件或文件夹的允许权限	读 取 权 限
从父项继承而来的权限	拒绝	允许
用户账户指定的权限	允许	

4）其他原则

其他原则包括文件的权限高于文件夹；自动从父项继承；继承而来的 NTFS 权限不能修改（可以取消继承后，使用管理员账户或所有者账户删除）；具有读取权限的文件夹可以被复制到 FAT32 中；当网络服务和 NTFS 权限同时使用时，执行较为严格的权限。

5．移动或复制的权限变化

无论文件被复制到哪个分区，都会作为目的文件夹下新创建的文件，权限以目的文件夹权限作为继承依据。

通俗来说，分区内的移动，相当于维持原有文件权限，只是更换了位置。因为不同分区之间的移动，相当于在目的文件夹中新建了一个文件，并把原文件删除，所以会继承目的文件夹的权限。移动或复制权限变化如表 3.1.6 所示。

表 3.1.6　移动或复制权限变化

文件所在原文件夹	操　作	目的文件夹	权 限 来 源
C:\files	移动	C:\tools	权限不变
C:\files	复制	C:\tools	继承目的文件夹 C:\tools
C:\files	移动	D:\tools	继承目的文件夹 D:\tools
C:\files	复制	D:\tools	继承目的文件夹 D:\tools

任务小结

（1）文件系统指操作系统在其管理的存储设备上组织文件和分配空间的方法，负责创建、保存、读取文件，以及控制文件的访问权限。

（2）NTFS 中新增加的权限设置、磁盘配额、文件压缩、加密等功能增强了系统的安全性。

任务拓展

在 Windows Server 2016 中创建文件夹并设置相应权限，具体要求如下。

（1）创建 group1 组，组内有 test1、test2 两个用户账户。

（2）使用 test1 登录系统，在 C 盘创建一个名为"文件汇总"的文件夹，使用此用户账户为其他用户账户分配访问文件夹的 NTFS 权限。

（3）创建"反馈意见"文件夹，允许用户账户写入，但不能进行删除操作。

（4）允许 Admin 获得"反馈意见"文件夹的所有权，并成为所有者。

任务 3.2 ▶ 使用 EFS 加密文件

任务描述

小彭根据需求在装有 Windows Server 2016 的计算机上存储相关部门数据。为了保证文件安全，防止文件被未授权的用户账户打开，小彭尝试使用了压缩软件将文件打包并设置压缩包的密码，也使用了一些文件加密软件，但在使用时都需要花费时间解密文件，而且安装的应用软件也不能直接读取这些加密文件，现在小彭急需一种便捷、可靠的文件加密方法解决这个问题。

任务要求

Windows Server 2016 中提供了 EFS（Encrypting File System，加密文件系统）功能，管理员可以使用该功能解决上述问题。借助 EFS 能够以透明的方式加密、解密文件，并且能够在登录系统的同时进行 EFS 用户验证，用户几乎感受不到后续的加密、解密过程，未被授权的用户账户无法访问数据，具体要求如下。

（1）对 E 盘中的"数据汇总"文件夹及其内的文件进行加密。

（2）备份"数据汇总"文件夹及其内的文件加密证书和密钥（存放位置为 C 盘）。

（3）使用其他用户账户查看加密文件。

（4）导入备份的 EFS 证书。

（5）再次查看加密文件。

任务实施

1. 使用 EFS 对文件或文件夹进行加密

步骤 1：登录系统，本任务使用 Administrator 登录。

步骤 2：右击"数据汇总"文件夹，在弹出的快捷菜单中选择"属性"命令，如图 3.2.1 所示。

步骤 3：在弹出的"数据汇总 属性"对话框的"常规"选项卡中，单击"高级"按钮，如图 3.2.2 所示。

图 3.2.1 选择"属性"命令

图 3.2.2 单击"高级"按钮

步骤 4：在"高级属性"对话框的"压缩或加密属性"选项组中，勾选"加密内容以便保护数据"复选框，单击"确定"按钮，如图 3.2.3 所示。

步骤 5：返回"数据汇总 属性"对话框，单击"确定"按钮。

步骤 6：在弹出的"确认属性更改"对话框中，默认已选中"将更改应用于此文件夹、子文件夹和文件"单选按钮，直接单击"确定"按钮即可，如图 3.2.4 所示。

图 3.2.3 "高级属性"对话框

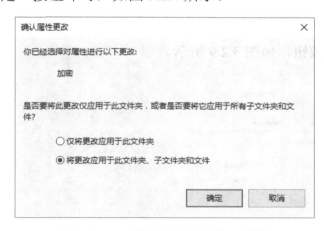

图 3.2.4 "确认属性更改"对话框

2. 备份文件加密证书和密钥

步骤 1：单击桌面右下角弹出的"备份文件加密密钥"提示对话框中的链接，如图 3.2.5 所示。

步骤 2：在弹出的"加密文件系统"对话框中，选择"现在备份（推荐）"选项，如图 3.2.6 所示。

图 3.2.5 "备份文件加密密钥"提示对话框

步骤 3：在"欢迎使用证书导出向导"界面中，单击"下一步"按钮，如图 3.2.7 所示。

图 3.2.6　"加密文件系统"对话框　　　　图 3.2.7　"欢迎使用证书导出向导"界面

步骤 4：在"导出文件格式"界面中，采用默认设置，直接单击"下一步"按钮，如图 3.2.8 所示。

步骤 5：在"安全"界面中，勾选"密码"复选框，输入两次密码，单击"下一步"按钮，如图 3.2.9 所示。

图 3.2.8　选择导出文件格式　　　　　图 3.2.9　设置私钥的打开密码

步骤 6：在"要导出的文件"界面中，单击"浏览"按钮或直接输入导出文件的文件名，如"C:\管理员的证书信息.pfx"，单击"下一步"按钮，如图 3.2.10 所示。

步骤 7：在"正在完成证书导出向导"界面中，单击"完成"按钮，确认导出证书，如图 3.2.11 所示。

图 3.2.10　确认导出文件的文件名

图 3.2.11　确认导出证书

步骤 8：在弹出的"导出成功"界面中，单击"确定"按钮，如图 3.2.12 所示。至此，EFS 证书备份完成。

3．切换用户账户查看加密文件

切换用户账户后，再次访问"数据汇总"文件夹，可以看到文件夹中包含了加密文件"Wangwu 用户创建"，但无法打开，如图 3.2.13 所示。

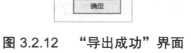

图 3.2.12　"导出成功"界面

图 3.2.13　无法打开加密文件

4. 导入备份的 EFS 证书

步骤 1：双击打开此前备份的 EFS 证书文件，如图 3.2.14 所示。

步骤 2：在"欢迎使用证书导入向导"界面中，选中"当前用户"单选按钮，单击"下一步"按钮，如图 3.2.15 所示。

图 3.2.14　双击 EFS 证书文件　　　　图 3.2.15　选择证书存储位置

步骤 3：在"要导入的文件"界面中，单击"下一步"按钮，如图 3.2.16 所示。

步骤 4：在"私钥保护"界面中，输入此前导出时设置的私钥密码，单击"下一步"按钮，如图 3.2.17 所示。

图 3.2.16　选择要导入的文件　　　　图 3.2.17　输入私钥密码

步骤 5：在"证书存储"界面中，选中"将所有的证书都放入下列存储"单选按钮，单击"浏览"按钮，如图 3.2.18 所示。

步骤 6：在弹出的"选择证书存储"对话框中，选择"个人"文件夹，单击"确定"按钮，如图 3.2.19 所示。

图 3.2.18　指定证书存储位置

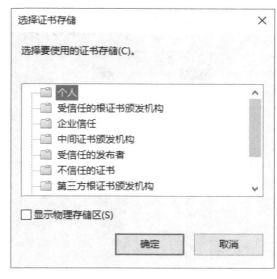

图 3.2.19　选择要使用的证书存储

步骤 7：返回"证书存储"界面，可以看到"证书存储"已设置为"个人"，单击"下一步"按钮，如图 3.2.20 所示。

步骤 8：在"正在完成证书导入向导"界面中，单击"完成"按钮，确认导入证书，如图 3.2.21 所示。

图 3.2.20　设置证书存储位置

图 3.2.21　确认导入证书

图 3.2.22　"导入成功"界面

步骤 9：在弹出的"导入成功"界面中，单击"确定"按钮，如图 3.2.22 所示。至此，完成了 EFS 证书导入的操作。

5．再次查看加密文件

导入 EFS 证书后，再次打开"数据汇总"文件夹，即可正常访问，如图 3.2.23 所示。

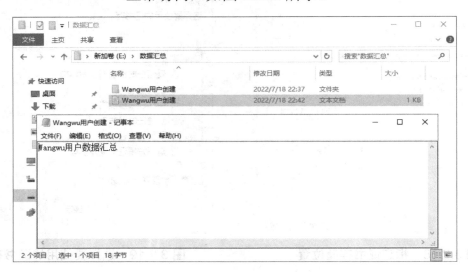

图 3.2.23　打开"数据汇总"文件夹

知识链接

1．EFS 简介

NTFS 的加密属性是通过 EFS（Encrypting File System，加密文件系统）技术实现的，EFS 提供的是一种核心文件加密技术。EFS 仅能对 NTFS 卷上的文件和文件夹进行加密。EFS 加密对用户是完全透明的。当用户访问加密文件时，系统会自动解密该文件；当用户保存加密文件时，系统会自动加密该文件，不需要用户任何手工交互动作。EFS 是 Windows 2000、Windows XP Professional（Windows XP Home 不支持 EFS）、Windows Server 2003/2008/2012/2016 NTFS 的一个组件。EFS 采用高级的标准加密算法实现透明的文件加密和解密操作，任何没有合适密钥的个人或程序都不能读取加密数据。即便是在拥有驻留加密文件的计算机中，加密文件仍然受到保护，甚至有权访问该计算机及其文件系统的用户，也无法读取这些数据。

2．操作 EFS 加密文件情形与目标文件状态

EFS 将文件加密作为文件属性保存，通过修改文件属性对文件和文件夹进行加密和解

密操作。正如设置其他属性（如只读、压缩或隐藏）一样，通过设置文件和文件夹的加密属性，可以对文件和文件夹进行加密和解密。如果加密一个文件夹，则在加密文件夹中创建的所有文件和子文件夹都会自动加密，推荐在文件夹上进行加密。

EFS 必须存储在 NTFS 磁盘内才能处于加密状态，在允许进行远程加密的远程计算机上可以加密或解密文件和文件夹。然而，如果通过网络打开已加密文件，通过此过程在网络上传输的数据并未加密，则必须使用如 SSL/TLS（安全套接字层/传输层安全性）等协议通过有线加密数据。操作 EFS 加密文件情形与目标文件状态如表 3.2.1 所示。

表 3.2.1　操作 EFS 加密文件情形与目标文件状态

操作 EFS 加密文件情形	目标文件状态
将加密文件移动或复制到非 NTFS 磁盘中	新文件处于解密状态
用户或应用程序读取加密文件	系统将文件从磁盘中读取，并将解密后的内容反馈给用户或应用程序，磁盘中存储的文件仍处于加密状态
用户或应用程序向加密文件或文件夹写入数据	系统会将数据自动加密，并写入磁盘
将未加密文件或文件夹移动或复制到加密文件夹中	新文件或文件夹自动变为加密状态
将加密文件或文件夹移动或复制到未加密文件夹中	新文件或文件夹仍处于加密状态
通过网络发送加密文件或文件夹	文件或文件夹被自动解密
将加密文件或文件夹打包压缩	压缩和加密不能并存，文件或文件夹被自动解密
加密已压缩的文件	压缩和加密不能并存，文件被自动解压缩，并进行加密

任务小结

（1）EFS 必须存储在 NTFS 磁盘中才能处于加密状态。

（2）EFS 加密对用户是完全透明的。当用户访问加密文件时，系统会自动解密该文件；当用户保存加密文件时，系统会自动加密该文件，不需要用户任何手工交互操作。

任务拓展

在 dc 上，对 E 盘中的"数据汇总"文件夹及其中的文件进行压缩。

任务 3.3 ▶ 配置文件服务器

任务描述

小彭申请新购置了一台服务器，并安装了 Windows Server 2016。现公司具有文件共享需求，总经理要求小彭配置一台文件服务器。

任务要求

Windows Server 2016 中提供了文件服务器的功能，管理员可以使用该功能解决上述问题。小彭通过创建部门用户账户和共享文件夹，并设置共享权限，完成文件服务器的配置，具体要求如下。

（1）文件服务器的 IP 地址为 192.168.1.201/24。

（2）为销售部、财务部和总经理分别创建用户账户，如表 3.3.1 所示。

表 3.3.1　基本用户分配

部　　门	用 户 账 户	组
销售部	Zhangsan、Lisi	Sales
财务部	Wangwu、Zhaoliu	Finances
总经理	Manager	Managers

（3）创建两个共享文件夹，并设置共享权限，完成文件服务器的配置，如表 3.3.2 所示。

表 3.3.2　共享文件夹设置

共享文件夹	物 理 路 径	共 享 权 限	NTFS 权限
数据汇总	E:\数据汇总	Sales 组具有读取权限 Finances 组具有完全控制权限 同时共享的用户数量为 100 人	Sales 组具有读取及有关权限 Finances 组具有完全控制及有关权限
公司模板	E:\公司模板	Managers 组具有完全控制权限 其他用户账户具有只读权限 同时共享的用户数量为默认	Managers 组具有完全控制及有关权限 其他用户账户具有只读及有关权限

任务实施

1．创建"数据汇总"文件夹

步骤 1：使用管理员账户登录操作系统。

步骤 2：右击"数据汇总"文件夹，在弹出的快捷菜单中选择"属性"命令，如图 3.3.1 所示。

步骤 3：在"数据汇总 属性"对话框中，选择"共享"选项卡，单击"高级共享"按钮，如图 3.3.2 所示。

步骤 4：在"高级共享"对话框中，勾选"共享此文件夹"复选框，设置"共享名"为"数据汇总"、"将同时共享的用户数量限制为"为 100，单击"权限"按钮，如图 3.3.3 所示。

图 3.3.1　选择"属性"命令

图 3.3.2　单击"高级共享"按钮

图 3.3.3　"高级共享"对话框

小贴士：

　　如果要设置在使用用户账户访问时隐藏共享文件夹，那么需要在共享名后添加$。例如，在本任务中，可以设置文件的共享名为"技术文档$"。

　　步骤 5：在"数据汇总 的权限"对话框中，在"组或用户名"列表框中添加"Sales（DC/Sales）"和"Finances（DC/Finances）"选项，在"Sales 的权限"列表框中勾选"读取"右侧的"允许"复选框，在"Finances 的权限"列表框中勾选"完全控制"右侧的"允许"复选框，单击"确定"按钮，如图 3.3.4 和图 3.3.5 所示。

　　步骤 6：返回"高级共享"对话框，单击"确定"按钮。

　　步骤 7：返回"数据汇总 属性"对话框，单击"关闭"按钮，完成配置。

图 3.3.4　Sales 的权限

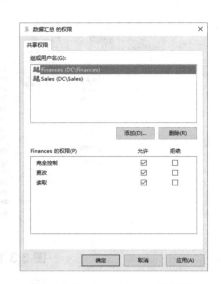

图 3.3.5　Finances 的权限

2. 创建"公司模板"文件夹

参考上述步骤，创建"公司模板"文件夹。在"组或用户名"列表框中添加"Everyone"和"Managers（DC/Managers）"选项，在"Managers 的权限"列表框中分别勾选"完全控制""更改""读取"右侧的"允许"复选框，在"Everyone 的权限"列表框中勾选"读取"右侧的"允许"复选框，如图 3.3.6 和图 3.3.7 所示。

图 3.3.6　Managers 的权限

图 3.3.7　Everyone 的权限

小贴士：

共享名是在网络上查看此共享文件夹时看到的名称，此名称可以和文件夹名相同也可以不同，一个文件夹可以设置多个共享名。

3. 为"数据汇总"文件夹设置 NTFS 权限

步骤 1：右击"数据汇总"文件夹（路径为 E:\数据汇总），在弹出的快捷菜单中选择"属性"命令，如图 3.3.8 所示。

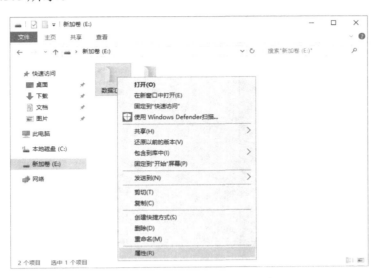

图 3.3.8 选择"属性"命令

步骤 2：在"数据汇总 的权限"对话框的"安全"选项卡中，保留"Sales 的权限"列表框中默认的"读取和执行""列出文件夹内容""读取"右侧的"允许"复选框的已勾选状态，在"Finances 的权限"列表框中勾选"完全控制"右侧的"允许"复选框，则其他权限也被自动勾选上，如图 3.3.9 和图 3.3.10 所示。

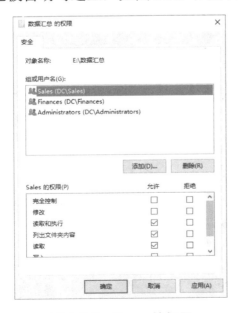

图 3.3.9 Sales 的权限

图 3.3.10 Finances 的权限

4. 为"公司模板"文件夹设置 NTFS 权限

参考上述步骤,为"公司模板"文件夹设置 NTFS 权限,允许 Managers 组具有完全控制权限,允许 Everyone 组具有读取的相关权限,如图 3.3.11 和图 3.3.12 所示。

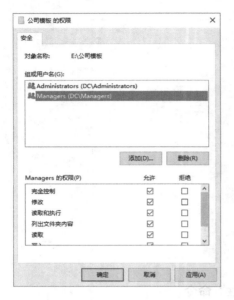

图 3.3.11　Managers 的权限

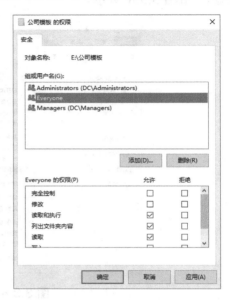

图 3.3.12　Everyone 的权限

5. 访问网络共享资源

1)利用网络路径实现访问共享

步骤 1:打开文件资源管理器(本任务以 Windows 10 的"此电脑"窗口为例),输入文件服务器的 UNC 地址"\\192.168.1.201",如图 3.3.13 所示。

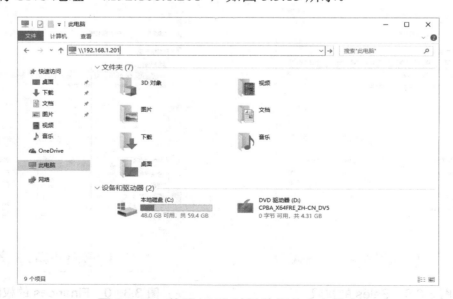

图 3.3.13　使用 UNC 地址访问共享文件夹

小贴士：

UNC（Universal Naming Convention，通用命名约定）是在网络（主要是局域网）中访问共享资源的路径表示形式，格式为"\\服务器名或 IP 地址\共享文件夹名\资源名"。例如，"\\192.168.1.205\doc\设备手册.docx""\\FS\D$\share\产品.xls"等。在访问隐藏的共享文件夹时，需要添加$。

步骤 2：在弹出的"输入网络凭据"界面中，输入用户名、密码，单击"确定"按钮，如图 3.3.14 所示。

步骤 3：成功登录文件服务器后，即可查看共享文件夹，如图 3.3.15 所示。

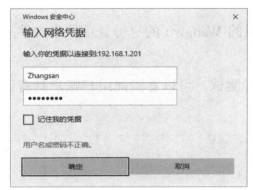

图 3.3.14　输入网络凭据

图 3.3.15　查看共享文件夹

步骤 4：打开"数据汇总"文件夹，双击即可打开"销售数据汇总"文件，表明该文件具有读取权限，如图 3.3.16 所示。

步骤 5：修改"销售数据汇总"文件的内容后对其进行保存，或在当前共享文件夹下新建、删除目录，均会看到"你没有权限打开该文件，请向文件的所有者或管理员申请权限"类似的警告信息，表明 Sales 组的 Zhangsan 没有写入权限，如图 3.3.17 所示。

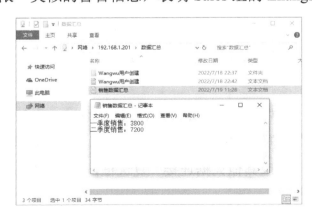

图 3.3.16　测试读取权限

图 3.3.17　测试写入权限

步骤 6：在命令提示符窗口中，先输入命令 "net use"，可以看到当前的共享会话，即访问了哪些共享文件夹，再输入命令 "net use \\192.168.1.201\IPC$ /del"，可以删除相应共享会话，如图 3.3.18 所示。

图 3.3.18　删除相应共享会话

步骤 7：再次访问文件服务器，以 Finances 组的 Wangwu 的身份登录共享文件夹，如图 3.3.19 所示。

步骤 8：对"数据汇总"文件夹中的文件进行测试，可以看到此用户账户具有读取、写入权限，如图 3.3.20 所示。

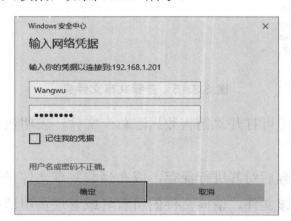

图 3.3.19　登录共享文件夹

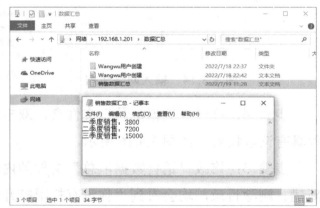

图 3.3.20　测试读取、写入权限

2）使用网络驱动器访问共享文件夹

步骤 1：在"此电脑"窗口中，选择"计算机"→"映射网络驱动器"→"映射网络驱动器"命令，如图 3.3.21 所示。

步骤 2：在"映射网络驱动器"对话框中，为共享连接指定驱动器号（盘符），本任务使用"Z:"，在文本框中直接输入或通过单击"浏览"按钮选择共享文件夹的 UNC 路径，本任务输入"\\192.168.1.201\数据汇总"，勾选"使用其他凭据连接"复选框，单击"完成"按钮，如图 3.3.22 所示。

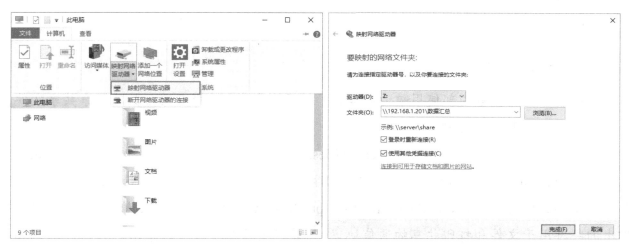

图 3.3.21　"此电脑"窗口　　　　　　　　图 3.3.22　设置要映射的网络文件夹

步骤 3：在弹出的"Windows 安全性"对话框中，输入能够访问上述步骤中共享文件夹的用户名和密码，并勾选"记住我的凭据"复选框，单击"确定"按钮，如图 3.3.23 所示。

步骤 4：返回"此电脑"窗口，"数据汇总"文件夹会以本地磁盘"Z:"的方式显示，如图 3.3.24 所示。

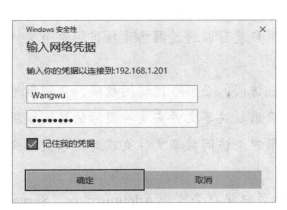

图 3.3.23　输入网络凭据

图 3.3.24　"数据汇总"文件夹的显示方式

小贴士：

使用"net use X: \\计算机名\共享名"的命令格式，可以映射网络驱动器。其中，X:是要分配给共享资源的驱动器号。例如，若将服务器 FS 上的共享文件夹 mydic 映射为客户端本地驱动器 Y:，用户名为 user1，密码为 12345678，则应使用 net use Y: \\FS\mydic '12345678' /user:'user1'命令。

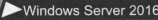

知识链接

1. 认识文件服务器

文件服务器在企业内部使用较为频繁，用户可以通过文件服务器与其他同事共享文件，而不再仅仅使用 U 盘等方式。

文件服务器，一般指通过 SMB（Server Message Block，服务器信息块）或 CIFS（Common Internet File System，通用 Internet 文件系统）协议实现文件共享的服务器。SMB 是 IBM 等公司基于 NetBIOS（Network Basic Input/Output System，网络基本输入/输出系统）整理并推出的一种用于文件和打印共享的通信协议，微软等公司基于该协议推出 CIFS，而在 Linux 中实现 SMB 的软件包是 Samba。文件服务器采用 C/S（Client/Server，客户端/服务器）架构，由文件服务器提供文件共享，客户端访问共享文件，二者之间的访问连接被称为共享会话。SMB 在传输层使用 445 号端口（TCP），但由于 SMB 也会调用 NetBIOS 会话，因此也会用到 139 号端口（TCP）和 137 号、138 号端口（UDP）。

2. 共享文件夹概述

简单来说，共享文件夹就是在一台计算机上要共享给其他计算机访问的文件夹。在一台计算机上当把某个文件夹设置为共享文件夹时，用户就可以通过网络远程访问这个文件夹，从而实现文件资源的共享。

要把文件夹作为共享资源供网络上的其他计算机访问，必须考虑访问权限，否则很可能给共享文件夹甚至整个操作系统带来严重的安全隐患。共享文件夹支持灵活的访问权限控制功能，该功能可以允许和拒绝某个用户账户或用户组访问共享文件夹或对共享文件夹进行读/写等操作。

在 Windows Server 2016 环境中，创建文件夹的用户账户必须是 Administrator、Server Operators 或 Powers Users 等。如果该文件夹位于 NTFS 分区，则用户账户必须对被设置的文件夹具备读取的 NTFS 权限。

3. 共享权限

与共享文件夹有关的两种权限是共享权限和 NTFS 权限。共享权限就是用户账户在通过网络访问共享文件夹时使用的权限，而 NTFS 权限则指使用本地用户账户登录计算机后在访问文件或文件夹时使用的权限。当本地用户访问文件或文件夹时，只会对用户账户应用 NTFS 权限。而当用户通过网络远程访问共享文件夹时，则会先对其账户应用共享权限，再对其账户应用 NTFS 权限。

共享权限分为读取、更改和完全控制 3 种。共享权限类型及可执行操作如表 3.3.3 所示。

表 3.3.3　共享权限类型及可执行操作

权 限 类 型	可 执 行 操 作
读取	查看文件名和子文件夹名，查看文件中的数据，运行程序文件
更改	除了读取权限，还能够新建与删除文件和子文件夹，更改文件内的数据
完全控制	除了以上两种权限，还具有更改共享权限的权限

如果用户账户同时隶属于多个组，分别对某个共享文件夹拥有不同的共享权限，则该用户账户对此共享文件夹的有效共享权限是所有权限的总和，但只要其中有一个权限被设置为拒绝，那么用户账户将不会拥有访问权限，拒绝权限的优先级最高。

4．文件共享的访问账户类型

文件服务器针对访问用户设置了两种账户类型，分别为匿名账户和实名账户。

1）匿名账户

在 Windows 中，匿名账户一般指 Guest，但在匿名共享目录中授权时通常用 Everyone 进行授权。客户端在访问共享目录时，需要在文件服务器中启动 Guest。

2）实名账户

在访问共享目录时，需要输入特定的用户名和密码，在默认情况下这些账户都是由文件服务器创建的，并用于共享目录的授权。如果有大量的账户需要授权，则一般会新建组，并通过在共享中对组的授权来间接完成用户账户的授权（用户账户继承组的权限）。

5．特殊的共享资源

在后面可能会看到一些比较"奇怪"的共享资源，如 ADMIN$、IPC$ 等。其实，这是操作系统为了自身管理的需要而创建的一些特殊的共享资源，不同的操作系统创建的特殊的共享资源有所不同，不过这些共享资源有一个共同的字符，即 $。为了不影响操作系统的正常使用，建议不要修改或删除这些特殊的共享资源。表 3.3.4 中显示了几个常用的特殊共享资源。

表 3.3.4　常用的特殊共享资源

共享资源名	说 明
ADMIN$	计算机远程管理的共享资源，共享文件夹为根目录，如 C:\Windows
驱动器号$	驱动器根目录下的共享资源，如 C$、D$
IPC$	命名管道上的共享资源，计算机使用它远程查看和管理共享资源
SYSVOL$	域控制器上使用的共享资源

续表

共享资源名	说　明
PRINT$	在远程管理打印机时使用的共享资源
FAX$	传真服务器为传真用户提供共享服务的共享资源，用于临时缓存文件

如果想要共享某个文件夹，但出于安全方面的考虑又不希望让网络中的所有人看到，这时通过在共享资源名后添加$，就可以隐藏这些共享文件夹。

6. 共享权限与 NTFS 权限

如果共享文件夹处于 NTFS 分区，则用户可以通过网络访问共享文件的最终有效权限，取两者之中较为严格的设置。例如，若用户 A 对共享文件夹 E:\tools 的共享权限为"读取"，NTFS 权限为"完全控制"，则用户 A 对共享文件夹 E:\tools 的最后有效权限为两者中较为严格的"读取"。

任务小结

（1）NTFS 中的所有者默认是创建该文件或文件夹的用户，所有者可以随时更改其所拥有的文件或文件夹的权限。

（2）共享资源是用户使用计算机系统的重要目的，可以满足用户对信息资源的最大化要求。

（3）当共享权限和 NTFS 权限同时起作用时，执行较为严格的权限。

任务拓展

（1）使用网络发现功能连接 dc 中共享的文件夹。

（2）在装有 Windows Server 2016 的计算机上设置隐藏共享文件夹，并在客户端上使用 UNC 的方式进行访问。

▶ 练习题

一、选择题

1. 在下列选项中，不属于共享权限的是（　　）。

A. 读取　　　　　B. 更改　　　　　C. 完全控制　　　　D. 列出文件夹内容

2. 网络访问和本地访问都要使用的权限是（　　）。

A. NTFS 权限　　　　　　　　　B. 共享权限

C. NTFS 权限和共享权限　　　　D. 无

3．要发布隐藏的共享文件夹，需要在共享名后添加（　　　）。

    A．@　　　　　　　B．&　　　　　　　C．$　　　　　　　D．%

4．在下列选项中，（　　　）不是 NTFS 的普通权限。

    A．读取　　　　　　B．删除　　　　　　C．写入　　　　　　D．完全控制

5．在 Windows Server 2016 中，下面的（　　　）功能不是 NTFS 特有的。

    A．文件加密　　　　B．磁盘配额　　　　C．文件压缩　　　　D．设置共享

6．在 NTFS 分区中，对一个文件夹的 NTFS 权限进行如下设置：先设置为读取，再设置为写入，最后设置为完全控制。在这里，文件夹的权限类型是（　　　）。

    A．读取　　　　　　B．读取和写入　　　C．写入　　　　　　D．完全控制

7．使用（　　　）可以把 FAT32 分区转换为 NTFS 分区，且用户的文件不受损害。

    A．change.exe　　　B．cmd.exe　　　　C．convert.exe　　　D．config.exe

8．在某 NTFS 分区上有一个文件夹 B1，其中包含一个文件 file1.txt 和一个应用程序 notepad.exe。文件夹 B1 的 NTFS 安全选项中仅设置了用户组 G1 具有读取权限，用户组 G2 具有写入权限。若 user1 同时属于用户组 G1 和用户组 G2，则下面说法不正确的是（　　　）。

    A．user1 可以运行程序 notepad.exe

    B．user1 可以打开文件 file1.tex

    C．user1 可以修改文件 file1.tex 的内容

    D．user1 可以在文件夹 B1 中创建子文件夹

二、实训题

某公司网络采用工作组模式，在网络中文件服务器创建了 4 个文件夹，分别是 Software（存放常用的软件，供员工下载）、Product（存放产品资料，供员工查阅）、Finances（存放财务部相关资料）和 Sales（存放销售部相关资料）。请完成以下要求。

1．将 Software 文件夹共享并为其设置权限，使所有用户账户具有读取权限，管理员账户具有完全控制权限。

2．将 Product 文件夹共享并为其设置权限，使生产部的员工账户具有修改权限，其他员工账户无任何权限。

3．将 Finances 文件夹共享并为其设置权限，使财务部的员工账户具有修改权限，经理账户具有读取权限，其他员工账户无任何权限，并设置加密。

4．将 Sales 文件夹共享并为其设置权限，使销售部的员工账户具有修改权限，经理和财务部的员工账户具有读取权限，其他员工账户无任何权限，并设置压缩。

项目 4

配置与管理磁盘

项目描述

　　某公司是一家电子商务运营公司，公司的文件服务器存储的内容越来越多，按照目前的文件存储速度，剩余的存储空间在两个月后将会耗尽，该服务器原有一块 SCSI 磁盘，并且安装了 Windows Server 2016，需要增加空间来扩充容量。其要求具有较快的读/写速度，一定的容错能力，较高的空间利用率。Windows Server 2016 提供了灵活的磁盘管理功能，主要用于计算机的磁盘设备及其各种分区或卷，以提高磁盘的利用率，确保系统访问的便捷与高效，同时提高系统文件的安全性、可靠性、可用性和可伸缩性。

　　通过磁盘管理工作，如新建和删除分区或卷、更改磁盘驱动器号等，可以更好地发挥服务器的性能。Windows Server 2016 支持对基本磁盘、动态磁盘的配置与管理。借助磁盘管理技术能够创建常见的简单卷、RAID-卷等。使用 BitLocker 功能，可以保护整块磁盘中的数据。

　　本项目主要介绍 Windows Server 2016 的基本磁盘、动态磁盘的管理，以及使用 BitLocker 驱动器加密保障数据安全。

知识目标

1. 了解 MBR、GPT 分区表的基本概念。
2. 了解分区、卷、简单卷、跨区卷的基本概念和特点。

3. 了解基本磁盘、动态磁盘的基本概念。

4. 掌握软件 RAID 和硬件 RAID 的区别。

5. 掌握 BitLocker 加密驱动器的作用。

能力目标

1. 能够为服务器添加磁盘，并完成联机、初始化操作。

2. 能够进行基本磁盘管理，并完成分区格式化操作。

3. 能够使用 diskpart 命令创建扩展分区。

4. 能够根据业务需求创建简单卷、跨区卷、带区卷、镜像卷和 RAID-5 卷。

5. 能够使用 BitLocker 技术对驱动器进行加密。

思政目标

1. 增强学法、懂法意识，学习和关注我国有关数据安全的法律法规。

2. 增强数据安全意识，能够使用驱动器加密功能更好地保护数据。

3. 尊重社会公德和伦理，诚实守信，不随意查看服务器上的用户账户数据。

任务 4.1 管理基本磁盘

任务描述

小彭在公司的文件服务器上安装了新的磁盘，根据公司数据存储需求创建主分区、扩展分区、逻辑分区，完成简单卷的创建。

任务要求

新安装的磁盘默认是基本磁盘，需要通过分区来管理和应用磁盘空间，才可以向磁盘中存储数据，具体要求如下。

（1）在虚拟机 Server1 上添加一块大小为 60GB 的磁盘。

（2）对新添加的磁盘进行联机和初始化，磁盘分区方式为 MBR 分区。

（3）创建两个主分区，大小分别是 20GB 和 30GB。

（4）创建扩展分区和逻辑分区，大小均为 10GB。

任务实施

1. 添加磁盘

步骤 1：在"Server1"界面中，选择"虚拟机"→"设置"命令，在打开的"虚拟机设置"对话框中，单击"添加"按钮，如图 4.1.1 所示。

步骤 2：打开"硬件添加向导"对话框，在"硬件类型"界面的"硬件类型"列表框中，选择"硬盘"选项，单击"下一步"按钮，如图 4.1.2 所示。

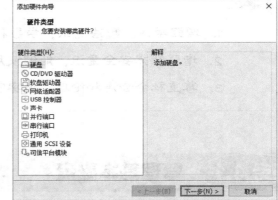

图 4.1.1 "虚拟机设置"对话框   图 4.1.2 "硬件类型"界面

步骤 3：在"选择磁盘类型"界面中，使用默认的"NVMe"，单击"下一步"按钮，如图 4.1.3 所示。

步骤 4：在"选择磁盘"界面中，使用默认的"创建新虚拟磁盘"，单击"下一步"按钮，如图 4.1.4 所示。

步骤 5：在"指定磁盘容量"界面中，输入最大磁盘大小，在本任务中添加一块磁盘大小为 60GB 的磁盘，选中"将虚拟磁盘存储为单个文件"单选按钮，单击"下一步"按钮，如图 4.1.5 所示。

步骤 6：在"指定磁盘文件"界面中，输入磁盘文件名，此处使用默认的文件名，单击"完成"按钮，如图 4.1.6 所示。

图 4.1.3　"选择磁盘类型"界面

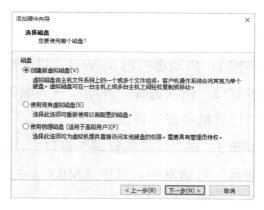

图 4.1.4　"选择磁盘"界面

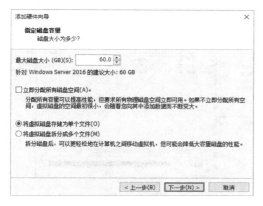

图 4.1.5　"指定磁盘容量"界面

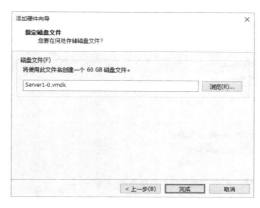

图 4.1.6　"指定磁盘文件"界面

　　步骤 7：返回"虚拟机设置"对话框，单击"确定"按钮，如图 4.1.7 所示。至此，已为虚拟机添加了一块 NVMe 磁盘。在本项目的后续任务中，也可以参考上述步骤添加磁盘。

图 4.1.7　"虚拟机设置"对话框

2. 联机、初始化磁盘

步骤 1：启动虚拟机 Server1，进入操作系统桌面。

步骤 2：依次选择"开始"→"服务器管理器"→"工具"→"计算机管理"命令，打开"计算机管理"窗口。

步骤 3：在"计算机管理"窗口中，选择"存储"→"磁盘管理"选项，在弹出的"初始化磁盘"对话框中，选中"MBR（主启动记录）单选按钮"，单击"确定"按钮，初始化磁盘，如图 4.1.8 所示。

步骤 4：在"计算机管理"窗口中，可以看到磁盘 1 处于联机状态，如图 4.1.9 所示。

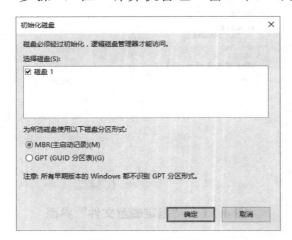

图 4.1.8　初始化磁盘

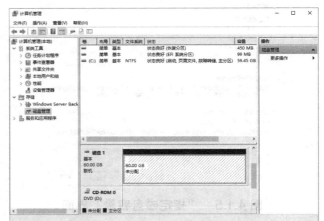

图 4.1.9　磁盘 1 处于联机状态

小贴士：

　　如果没有弹出"初始化磁盘"对话框，或弹出的对话框中要进行初始化的磁盘少于预期，则应先在相应新添加的磁盘行右击，在弹出的快捷菜单中选择"联机"命令，再右击该磁盘，在弹出的快捷菜单中选择"初始化磁盘"命令，对该磁盘进行单独初始化。

　　在计算机上创建新磁盘后，创建分区之前必须对磁盘进行初始化。

3. 创建主分区

步骤 1：右击"磁盘 1"容量的区域，在弹出的快捷菜单中选择"新建简单卷"命令，如图 4.1.10 所示。

步骤 2：打开"新建简单卷向导"对话框，在"欢迎使用新建简单卷向导"界面中，单击"下一步"按钮，如图 4.1.11 所示。

步骤 3：在"指定卷大小"界面中，输入卷大小，在本任务中设置为 20480MB（即 20GB），单击"下一步"按钮，如图 4.1.12 所示。

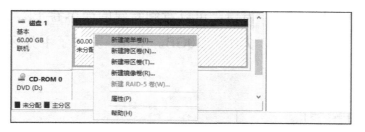

图 4.1.10　选择"新建简单卷"命令

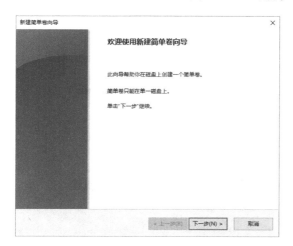

图 4.1.11　"欢迎使用新建简单卷向导"界面　　　图 4.1.12　"指定卷大小"界面

步骤 4：在"分配驱动器号和路径"界面中，选择驱动器号，在本任务中使用 E 作为驱动器号，单击"下一步"按钮，如图 4.1.13 所示。

步骤 5：在"格式化分区"界面中，选择"文件系统"为"NTFS"，单击"下一步"按钮，如图 4.1.14 所示。

图 4.1.13　"分配驱动器号和路径"界面　　　图 4.1.14　"格式化分区"界面

步骤 6：在"正在完成新建简单卷向导"界面中，查看汇总信息，确认无误后，单击"完成"按钮，如图 4.1.15 所示。

步骤 7：返回"计算机管理"窗口，可以看到新建的简单卷 E:。使用相同步骤在剩余磁盘空间中创建另一个简单卷 F:，大小为 30GB。至此，完成了主分区的创建，如图 4.1.16 所示。

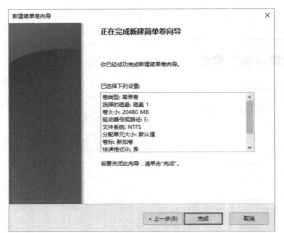

图 4.1.15 "正在完成新建简单卷向导"界面

图 4.1.16 完成主分区的创建

4. 创建扩展分区

在 Windows Server 2016 等系统中，一块 MBR 磁盘上只能创建 4 个主分区，或最多创建 3 个主分区和 1 个扩展分区，扩展分区可以划分为多个逻辑分区。如需将第 2 个分区直接创建为扩展分区，则需在命令提示符窗口中运行 diskpart 命令。

步骤 1：运行 cmd 命令，在打开的命令提示符窗口中，输入命令"diskpart"，按 Enter 键，在 DISKPART>提示符后依次输入表 4.1.1 中的命令，如图 4.1.17 和图 4.1.18 所示。

表 4.1.1 diskpart 子命令步骤及其作用、检查点

diskpart 子命令步骤	作　　用	检　查　点
list disk	显示磁盘列表	显示具有未分配空间的磁盘
select disk 1	选择磁盘 1	磁盘 1 成为所选磁盘
list partition	显示分区列表	显示现有的两个主分区
create partition extended	将所有未分配空间创建为扩展分区	显示成功地创建了指定分区
list partition	显示分区列表	显示创建完成的扩展分区

步骤 2：再次打开"计算机管理"窗口，选择"存储"→"磁盘管理"选项，即可查看扩展分区，如图 4.1.19 所示。

图 4.1.17　创建扩展分区 1

图 4.1.18　创建扩展分区 2

图 4.1.19　查看扩展分区

小贴士：

由于 GPT 磁盘可以有多达 128 个主磁盘分区，因此不需要扩展磁盘分区。MBR 磁盘可以转换成 GPT 磁盘，在磁盘 1 上右击，在弹出的快捷菜单中选择"转换成 GPT 磁盘"命令，可以将 MBR 磁盘转换成 GPT 磁盘。

5. 创建逻辑分区

1）方法一

步骤 1：在刚刚创建的扩展分区的基础上，运行 cmd 命令，在打开的命令提示符窗口中，输入命令"diskpart"，按 Enter 键，在 DISKPART>提示符后依次输入表 4.1.2 中的命令，如图 4.1.20 和图 4.1.21 所示。

表 4.1.2 diskpart 子命令步骤及其作用、检查点

diskpart 子命令步骤	作 用	检 查 点
list disk	显示磁盘列表	显示具有未分配空间的磁盘
select disk 1	选择磁盘 1	磁盘 1 成为所选磁盘
list partition	显示分区列表	显示现有的两个主分区
create partition logical size=10237	在扩展分区中创建逻辑分区（单位为 MB）	显示成功地创建了指定分区
list partition	显示分区列表	显示创建完成的逻辑分区
format quick	快速格式化卷	显示格式化卷操作完成

图 4.1.20　在扩展分区中创建逻辑分区

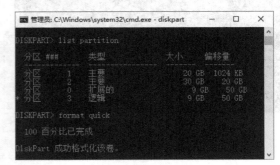

图 4.1.21　快速格式化卷

步骤 2：再次打开"计算机管理"窗口，选择"存储"→"磁盘管理"选项，即可查看逻辑分区，右击该逻辑分区，在弹出的快捷菜单中选择"更改驱动器号和路径"命令，为逻辑分区添加驱动器号，如图 4.1.22 所示。

图 4.1.22　为逻辑分区添加驱动器号

2）方法二

右击"扩展分区"容量的区域，在弹出的快捷菜单中选择"新建简单卷"命令，如图 4.1.23 所示。后续步骤与创建主分区的操作基本相同。

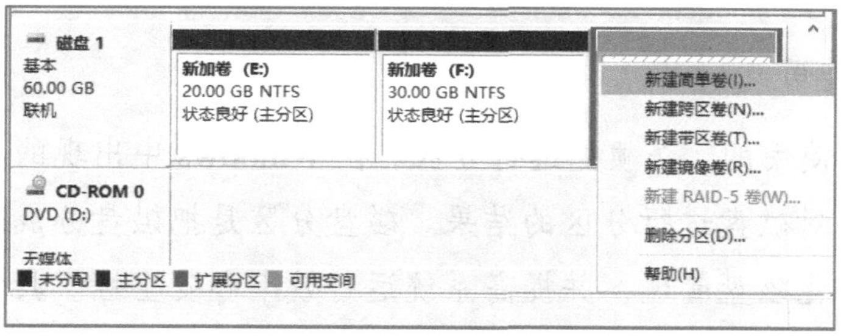

图 4.1.23　选择"新建简单卷"命令

6. 删除分区

要删除主分区，只需右击要删除的分区，在弹出的快捷菜单中选择"删除卷"命令，按提示完成相应操作即可。要删除扩展分区，必须先删除其中的逻辑分区（其方法与删除主分区的方法相同），再右击扩展分区，在弹出的快捷菜单中选择"删除分区"命令，按提示完成相应操作即可。

知识链接

1. 磁盘分区的格式

在将数据存储到磁盘之前，必须要将磁盘分割成一个或多个磁盘分区，在磁盘内有一个被称为磁盘分区表（Partition Table）的区域，用来存储磁盘分区的数据，如每一个磁盘分区的起始地址、结束地址、是否为活动的磁盘分区等。

现在有两种典型的磁盘分区格式，并对应着两种不同格式的磁盘分区表。一种是 MBR（Master Boot Record，传统的主引导记录）格式，另一种是 GPT（GUID Partition Table，GUID 磁盘分区表）格式。

1）MBR

在 MBR 格式下，磁盘的第一个扇区十分重要。这个扇区保存了操作系统的引导信息（被称为主引导记录）及磁盘分区表。由于磁盘分区表只占 64 字节，而描述每个分区的分区条目需要 16 字节，一共可容纳 4 个分区的信息，因此 MBR 格式最多支持 4 个主分区。MBR 分区的磁盘所支持的最大磁盘大小为 2.2TB。

2）GPT

GPT 格式相对于 MBR 格式具有更多的优势，可以提供容错功能，突破了 64 字节的固定大小限制，每块磁盘最多可以建立 128 个分区，所支持的最大磁盘大小超过了 2.2TB。另外，GPT 格式在磁盘末端备份了一份相同的分区表，如果其中一份分区表被破坏了，那么可以使用另一份分区表进行恢复，以避免分区信息丢失。

2. 磁盘分区的作用

磁盘是不能直接使用的，必须先进行分区。在 Windows 中出现的 C 盘、D 盘等不同的驱动器号，其实就是对磁盘进行分区的结果。磁盘分区是把磁盘分成若干个逻辑独立的部分，磁盘分区能够优化磁盘管理，并提高系统运行效率和安全性。具体来说，磁盘分区有以下优点。

（1）磁盘分区易于管理和使用。磁盘分区相当于把一个大柜子分成一个个小抽屉，每个抽屉可以分门别类地存放物品。把不同类型和用途的文件存放在不同的分区中，不仅可以实现分类管理互不影响，而且可以防止用户误操作（如磁盘格式化），给整块磁盘带来意想不到的后果。

（2）磁盘分区有利于数据安全。对不同的分区可以设置不同的数据访问权限。如果某个分区受到了病毒的攻击，则可以把病毒的影响范围控制在这个分区内，使其他分区不被感染。这样大大提高了数据的安全性。

（3）磁盘分区提高了系统运行效率。显然，在一个分区中查找数据要比在整个磁盘上查找数据要快得多。

3. 磁盘类型

Windows Server 2016 依据磁盘的配置方式，将磁盘分为两种类型，即基本磁盘和动态磁盘。

1）基本磁盘

基本磁盘是 Windows 中常用的默认磁盘类型。基本磁盘是一种包含主分区、扩展分区或逻辑分区的物理磁盘，新安装的磁盘默认是基本磁盘。基本磁盘上的分区被称为基本卷，只能在基本磁盘上创建基本卷，可以向现有分区添加更多空间，但仅限于同一个物理磁盘上的连续未分配的空间。如果要跨磁盘扩展空间，那么需要使用动态磁盘。

2）动态磁盘

动态磁盘打破了分区只能使用连续的磁盘空间的限制，动态分区可以灵活地使用多块磁盘上的空间。使用动态磁盘可以获得更高的可扩展性、读/写性和可靠性。

动态磁盘可以由基本磁盘转换而成，转换完成之后可以创建更大范围的动态卷，也可以将动态卷扩展到多块磁盘。计算机可以在任何时候把基本磁盘转换为动态磁盘，而不丢失任何数据，基本磁盘现有的分区将被转换为卷。反之，如果将动态磁盘转换为基本磁盘，那么磁盘的数据将会丢失。

4. 磁盘分区

在使用基本磁盘管理磁盘时，要将磁盘划分为一个或多个磁盘分区，才可以向磁盘中存储数据。MBR 分区中的每块磁盘最多可被划分为 4 个分区，为了划分更多分区，可以对某个分区进行扩展，在扩展分区上再次划分逻辑分区。下面以 MBR 分区为例介绍磁盘分区。

1）主分区

主分区是用来引导操作系统的分区，一般就是操作系统的引导文件所在的分区。通常每块基本磁盘最多可以创建 4 个主分区或 3 个主分区和 1 个扩展分区。磁盘 4 中主分区的结构如图 4.1.24 所示。每个分区都可以被赋予一个驱动器号，如 C:和 D:等。

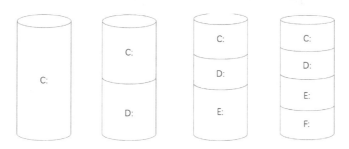

图 4.1.24　磁盘 4 中主分区的结构

2）扩展分区

如果主分区的数量达到 3 个，磁盘上还有未分配的磁盘空间，那么执行"新建简单卷"命令就会将剩余的空间划分为扩展分区，每块磁盘上只能有一个扩展分区。扩展分区的结构如图 4.1.25 所示。扩展分区不能用来启动操作系统，并且扩展分区在划分之后不能直接使用，不能被赋予驱动器号，必须要在扩展分区中划分逻辑分区后才可以使用。

3）逻辑分区

用户不能直接访问扩展分区，需要在扩展分区内部划分若干个逻辑分区，每个逻辑分区都可以被赋予一个驱动器号。逻辑分区的结构如图 4.1.26 所示。

图 4.1.25　扩展分区的结构

图 4.1.26　逻辑分区的结构

基本磁盘内的每一个主分区或逻辑分区又被称为基本卷。基本卷与动态磁盘中的卷不同，动态磁盘中的卷由一个或多个磁盘分区组成，这些将在后面章节中介绍。

5. 磁盘格式化

磁盘格式化是对磁盘或磁盘中的分区进行初始化的一种操作，这种操作通常会导致现有磁盘或分区中的所有文件被清除。

任务小结

（1）现在有两种典型的磁盘分区格式，并对应着两种不同格式的磁盘分区表，即 MBR 和 GPT。

（2）在 MBR 分区中每块磁盘最多可以被划分为 4 个分区，为了划分更多分区，可以先对某个分区进行扩展，再在扩展分区上划分逻辑分区。

任务拓展

在虚拟机 Server1 上添加一块大小为 60GB 的磁盘。

（1）对新添加的磁盘进行联机和初始化，分区方式为 GPT 分区，新建 2 个主分区，大小均为 30GB，对应驱动器号为 G:和 H:。

（2）对 G 盘进行压缩，释放出 10GB 的使用空间。

（3）对 H 盘进行扩展，扩展后的磁盘大小为 40GB。

任务 4.2 ▶ 管理动态磁盘

任务描述

某公司员工经常抱怨服务器的访问速度慢，而且小彭也发现服务器的磁盘空间即将用满，他决定添置更大容量的磁盘用于网络存储、文件共享等。

任务要求

针对公司的磁盘管理需求，使用动态磁盘管理技术即可解决。可以建立一个新的简单卷，并分配一个驱动器号增加一个盘符，还可以使用跨区卷将多块磁盘的空间组成一个卷。针对需要提高网络访问的可靠性和速度等问题，可以使用跨区卷、带区卷、镜像卷、RAID-5 卷等技术实现。下面小彭准备动手实施，具体要求如下。

（1）在虚拟机 Server2 上添加两块磁盘，大小分别为 60GB 和 40GB，并对新添加的磁盘进行联机和初始化，将其转化为动态磁盘，完成跨区卷的创建。

（2）在虚拟机 Server3 上添加两块磁盘，大小均为 40GB，并对新添加的磁盘进行联机和初始化，将其转化为动态磁盘，完成带区卷的创建。

（3）在虚拟机 Server4 上添加两块磁盘，大小均为 80GB，并对新添加的磁盘进行联机和初始化，将其转化为动态磁盘，完成镜像卷的创建。

（4）在虚拟机 Server5 上添加 3 块磁盘，大小均为 60GB，并对新添加的磁盘进行联机和初始化，将其转化为动态磁盘，完成 RAID-5 卷的创建。

任务实施

1. 创建跨区卷

步骤 1：为虚拟机 Server2 添加两块接口均为 SCSI 的磁盘，大小分别为 60GB 和 40GB。

步骤 2：将磁盘联机、初始化。

步骤 3：选择"计算机管理"窗口的"磁盘管理"选项，右击"磁盘 1"或"磁盘 2"，在弹出的快捷菜单中选择"转换到动态磁盘"命令，如图 4.2.1 所示。

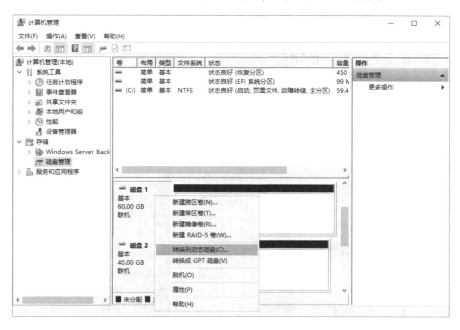

图 4.2.1 转换到动态磁盘

步骤 4：在"转换为动态磁盘"对话框中，勾选"磁盘 1"和"磁盘 2"复选框，单击"确定"按钮，完成转换，如图 4.2.2 所示。

步骤 5：选择"计算机管理"窗口的"磁盘管理"选项，右击"磁盘 1"，在弹出的快捷菜单中选择"新建跨区卷"命令，如图 4.2.3 所示。

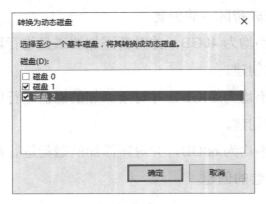

图 4.2.2　选择要转换的磁盘

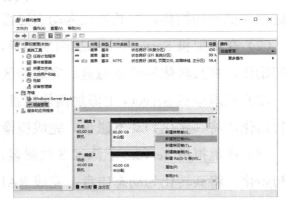

图 4.2.3　新建跨区卷

步骤 6：在"新建跨区卷"对话框的"欢迎使用新建跨区卷向导"界面中，单击"下一步"按钮。

步骤 7：在"选择磁盘"界面中，选择"可用"列表框中的"磁盘 2"选项，单击"添加"按钮，将"磁盘 2"添加到"已选的"列表框中，如图 4.2.4 所示。

步骤 8：在"分配驱动器号和路径"界面中，为跨区卷分配磁盘驱动器号，本任务使用默认的"E:"，单击"下一步"按钮。

步骤 9：在"卷区格式化"界面中，设置"文件系统"为"NTFS"，勾选"执行快速格式化"复选框，单击"下一步"按钮。

步骤 10：在"正在完成新建跨区卷向导"界面中，单击"完成"按钮。

步骤 11：返回"计算机管理"窗口，选择"磁盘管理"选项，可以看到磁盘 1 和磁盘 2 共同组成了跨区卷 E:，卷大小为 100GB，如图 4.2.5 所示。

图 4.2.4　选择需要新建跨区卷的磁盘

图 4.2.5　查看跨区卷

2．创建带区卷

步骤 1：为虚拟机 Server3 添加两块接口均为 SCSI 的磁盘，大小均为 40GB。

步骤 2：将磁盘联机、初始化。

步骤 3：选择"磁盘管理"选项，将两块磁盘转换为动态磁盘。

步骤 4：右击"磁盘 1"，在弹出的快捷菜单中选择"新建带区卷"命令，如图 4.2.6 所示。

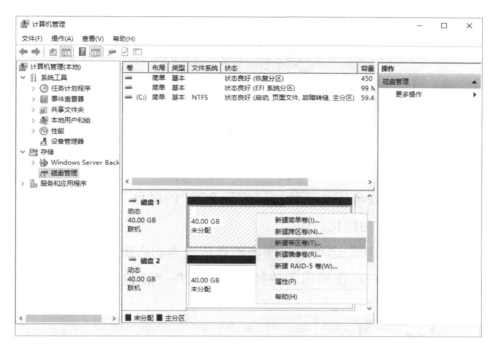

图 4.2.6 新建带区卷

步骤 5：在"新建带区卷"对话框的"欢迎使用新建带区卷向导"界面中，单击"下一步"按钮。

步骤 6：在"选择磁盘"界面中，选择"可用"列表框中的"磁盘 2"选项，单击"添加"按钮，将"磁盘 2"添加到"已选的"列表框中。

步骤 7：在"分配驱动器号和路径"界面中，为带区卷分配磁盘驱动器号，本任务使用默认的"F:"，单击"下一步"按钮。

步骤 8：在"卷区格式化"界面中，设置"文件系统"为"NTFS"，勾选"执行快速格式化"复选框，单击"下一步"按钮。

步骤 9：在"正在完成新建带区卷向导"界面中，单击"完成"按钮。

步骤 10：返回"计算机管理"窗口，选择"磁盘管理"选项，可以看到磁盘 1 和磁盘 2 共同组成了带区卷 F:，卷大小为 80GB，如图 4.2.7 所示。

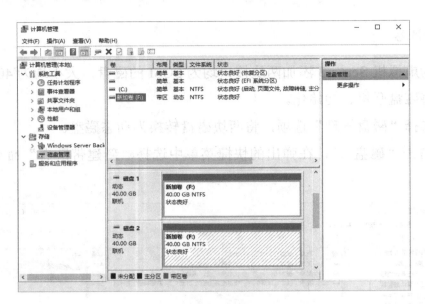

图 4.2.7　查看带区卷

3．创建镜像卷

步骤 1：为虚拟机 Server4 添加两块接口均为 SCSI 的磁盘，大小均为 80GB。

步骤 2：将磁盘联机、初始化。

步骤 3：选择"磁盘管理"选项，将两块磁盘转换为动态磁盘。

步骤 4：右击"磁盘 1"，在弹出的快捷菜单中选择"新建镜像卷"命令，如图 4.2.8 所示。

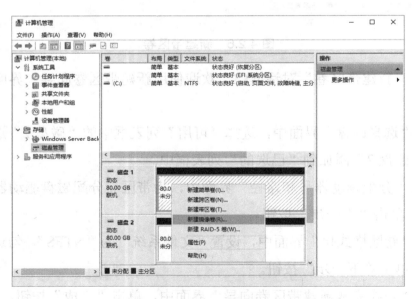

图 4.2.8　新建镜像卷

步骤 5：在"新建镜像卷"对话框的"欢迎使用新建镜像卷向导"界面中，单击"下一步"按钮。

步骤 6：在"选择磁盘"界面中，选择"可用"列表框中的"磁盘 2"选项，单击"添加"按钮，将"磁盘 2"添加到"已选的"列表框中。

步骤 7：在"分配驱动器号和路径"界面中，为镜像卷分配磁盘驱动器号，本任务使用默认的"E:"，单击"下一步"按钮。

步骤 8：在"卷区格式化"界面中，设置"文件系统"为"NTFS"，勾选"执行快速格式化"复选框，单击"下一步"按钮。

步骤 9：在"正在完成新建镜像卷向导"界面中，单击"完成"按钮。

步骤 10：返回"计算机管理"窗口，选择"磁盘管理"选项，可以看到磁盘 1 和磁盘 2 共同组成了镜像卷 E:，卷大小为 80GB，如图 4.2.9 所示。

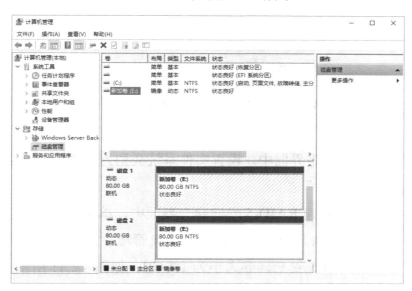

图 4.2.9　查看镜像卷

4. 创建 RAID-5 卷

步骤 1：为虚拟机 Server5 添加 3 块接口均为 SCSI 的磁盘，大小均为 60GB。

步骤 2：将磁盘联机、初始化。

步骤 3：选择"磁盘管理"选项，将 3 块磁盘转换为动态磁盘。

步骤 4：右击"磁盘 1"，在弹出的快捷菜单中选择"新建 RAID-5 卷"命令，如图 4.2.10 所示。

步骤 5：在"新建 RAID-5 卷"对话框的"欢迎使用新建 RAID-5 卷向导"界面中，单击"下一步"按钮。

步骤 6：在"选择磁盘"界面中，选择"可用"列表框中的"磁盘 2"选项，单击"添加"按钮，将"磁盘 2"添加到"已选的"列表框中。使用相同的操作步骤添加磁盘 3。

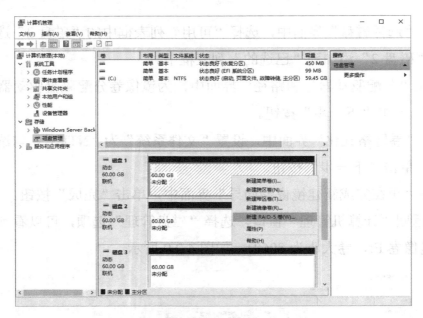

图 4.2.10　新建 RAID-5 卷

步骤 7：在"分配驱动器号和路径"界面中，为 RAID-5 卷分配磁盘驱动器号，本任务使用默认的"F:"，单击"下一步"按钮。

步骤 8：在"卷区格式化"界面中，设置文件系统类型为"NTFS"，勾选"执行快速格式化"复选框，单击"下一步"按钮。

步骤 9：在"正在完成新建 RAID-5 卷向导"界面中，单击"完成"按钮。

步骤 10：返回"计算机管理"窗口，选择"磁盘管理"选项，可以看到磁盘 1、磁盘 2 和磁盘 3 共同组成了 RAID-5 卷 F:，卷大小为 180GB，如图 4.2.11 所示。

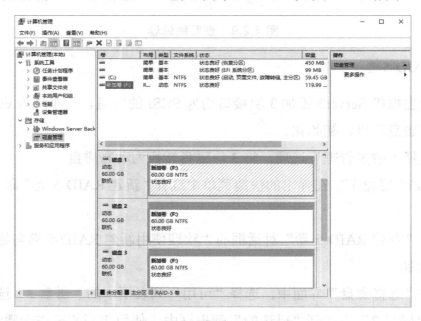

图 4.2.11　查看 RAID-5 卷

 知识链接

动态磁盘强调磁盘的扩展性，一般用于创建跨越多块磁盘的卷。例如，跨区卷、带区卷、镜像卷、RAID-5 卷。另外，动态磁盘也支持简单卷。

1. 认识 RAID

RAID（Redundant Arrays of Independent Disks，独立冗余磁盘阵列），概念源于美国加利福尼亚大学伯克利分校一个研究处理器性能的小组，他们在研究时为了提升磁盘的性能，将很多价格比较便宜的（Inexpensive）磁盘组合成一个容量更大、速度更快、能够实现冗余备份的磁盘阵列（Array），使其在某一块磁盘发生故障时，能够重新同步数据。现今，RAID 更侧重由独立的（Independent）磁盘组成。

2. 硬 RAID 和软 RAID

RAID 可以分为软 RAID 和硬 RAID。其中，软 RAID 是通过软件实现多块硬盘冗余的，而硬 RAID 一般通过 RAID 卡实现多块硬盘冗余。软 RAID 的配置相对简单，管理也比较灵活，对于中小企业来说不失为一种很好的选择；而硬 RAID 往往花费较高，不过，硬 RAID 在性能方面具有一定的优势。

3. RAID 的级别

RAID 作为高性能的存储系统，应用得越来越广泛。从 RAID 概念的提出到现在，RAID 已经发展了多个级别，下面仅介绍几种常用的级别。

1）RAID 0

RAID 0 是一种简单的、无数据校验功能的数据条带化技术。它实际上并非真正意义上的 RAID，因为它并不提供任何形式的冗余策略。RAID 0 将所在磁盘条带化后，组成更大容量的存储空间。RAID 0 无冗余的数据条带如图 4.2.12 所示。RAID 0 将数据分散存储在所有磁盘中，以独立访问的方式实现多块磁盘的并读访问，由于可以并发执行 I/O 操作，因此总线带宽得到了充分利用。又因为 RAID 0 不需要进行数据校验，所以 RAID 0 的性能在所有 RAID 中是最高的。从理论上讲，一个由 n 块磁盘组成的 RAID 0 的读/写性能是单块磁盘读/写性能的 n 倍，但由于总线带宽等多种因素的限制，其实际性能的提升往往低于理论值。

RAID 0 具有低成本、高读/写性能、高存储空间利用率等优点，但是不提供数据冗余保护，一旦数据损坏，将无法恢复。因此，RAID 0 一般适用于对性能要求严格但对数据安

全性和可靠性要求不高的场合，如视频存储、音频存储、临时数据缓存空间等。

2）RAID 1

RAID 1 又被称为镜像，将数据完全一致地分别写入工作磁盘和镜像磁盘。它的磁盘空间利用率为 50%。使用 RAID 1 在写入数据时，响应时间会有所影响，但是在读取数据时没有影响。RAID 1 提供了非常好的数据保护，一旦工作磁盘发生故障，系统将会自动从镜像磁盘中读取数据，而不会影响用户工作。RAID 1 无校验的相互镜像如图 4.2.13 所示。

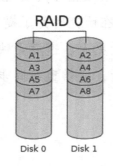

图 4.2.12　RAID 0 无冗余的数据条带　　　　**图 4.2.13　RAID 1 无校验的相互镜像**

3）RAID 5

RAID 5 是目前十分常见的 RAID，可以同时存储数据和校验数据，数据块和对应的校验信息保存在不同的磁盘上。当一个数据盘被损坏时，系统可以根据同一数据条带的其他数据块和对应的校验数据重建被损坏的数据。与其他 RAID 一样，在重建数据时，RAID 5 的性能会受到很大的影响。RAID 5 带分散校验的数据条带如图 4.2.14 所示。

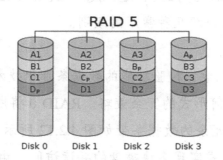

图 4.2.14　RAID 5 带分散校验的数据条带

RAID 5 兼顾存储性能、数据安全和存储成本等多方面因素。可以将 RAID 5 视为 RAID 0 和 RAID 1 的折中方案，RAID 5 是目前综合性能最佳的数据保护方案。RAID 5 基本上可以满足大部分的存储应用需求，数据中心大多将 RAID 5 作为应用数据的保护方案。

4）RAID 01 和 RAID 10

RAID 01 先进行条带化操作再进行镜像操作，本质上是对物理磁盘实现镜像；而 RAID 10 先进行镜像操作再进行条带化操作，本质上是对虚拟磁盘实现镜像。在相同的配置下，通常 RAID 01 比 RAID 10 具有更好的容错能力。典型的 RAID 01 和 RAID 10 模型如图 4.2.15 所示。

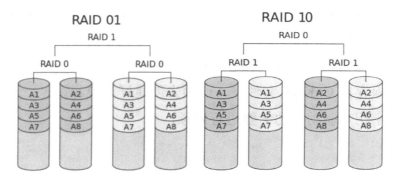

图 4.2.15　典型的 RAID 01 和 RAID 10 模型

RAID 01 兼具 RAID 0 和 RAID 1 的优点，先用两块磁盘建立镜像，然后在镜像内部进行条带化操作。RAID 01 的数据将同时写入两个磁盘阵列，当其中一个磁盘阵列损坏时，仍可以继续工作，在保证数据安全性的同时提高了性能。由于 RAID 01 和 RAID 10 的内部都含有 RAID 1，因此整体磁盘的利用率仅为 50%。

任务小结

（1）基本磁盘可以转换为动态磁盘，基本磁盘只支持简单卷，而动态磁盘支持多种卷。

（2）动态磁盘强调磁盘的扩展性，一般用于创建跨越多块磁盘的卷。在实际工作中，要根据存储的实际需求对动态磁盘进行合理的卷管理。

任务拓展

在虚拟机 Server1 上添加两块大小均为 60GB 的磁盘。

（1）将新添加的磁盘联机和初始化，并将新添加的磁盘加入存储池。

（2）在存储池中创建精简双向镜像。

（3）创建卷，格式化并分配驱动器号。

任务 4.3 ▶ 使用 BitLocker 加密驱动器

任务描述

小彭为满足公司服务器上的数据加密需求，将在文件服务器上添加 BitLocker，并为需要加密的驱动器进行解锁密码等设置，实现特定驱动器数据的加密存储。

任务要求

Windows Server 2016 提供了 BitLocker 驱动器加密功能，使用 BitLocker 加密驱动器可以保障数据的安全，具体要求如下。

（1）添加 BitLocker 驱动器加密功能，对驱动器的 E 盘进行加密并设置解锁密码。

（2）恢复密钥保存在 C:\KEY 文件夹（已预先创建好）中。

（3）使用恢复密钥对驱动器的 E 盘进行解锁。

任务实施

1. 添加 BitLocker 驱动器加密功能

步骤 1：在"服务器管理器"窗口中，依次选择"仪表板"→"快速启动"→"添加角色和功能"命令。

步骤 2：打开"添加角色和功能向导"窗口，在"开始之前"界面中，单击"下一步"按钮。

步骤 3：在"选择安装类型"界面中，选中"基于角色或基于功能的安装"单选按钮，单击"下一步"按钮。

步骤 4：在"选择目标服务器"界面中，选中"从服务器池中选择服务器"单选按钮，选择本任务使用的服务器"dc"，单击"下一步"按钮。

步骤 5：在"选择服务器角色"界面中，单击"下一步"按钮。

步骤 6：在"选择功能"界面中，勾选"BitLocker 驱动器加密"复选框，在弹出的"添加 BitLocker 驱动器加密所需的功能"界面中，单击"添加功能"按钮，返回"选择功能"界面，单击"下一步"按钮，如图 4.3.1 所示。

图 4.3.1 添加 BitLocker 驱动器加密功能

步骤 7：在"添加角色和功能向导"窗口的"确认安装所选内容"界面中，勾选"如果需要，自动重新启动目标服务器"复选框，在弹出的对话框中单击"是"按钮，允许自动重新启动，在"确认安装所选内容"界面中，单击"安装"按钮，确认安装所选内容，如图 4.3.2 和图 4.3.3 所示。

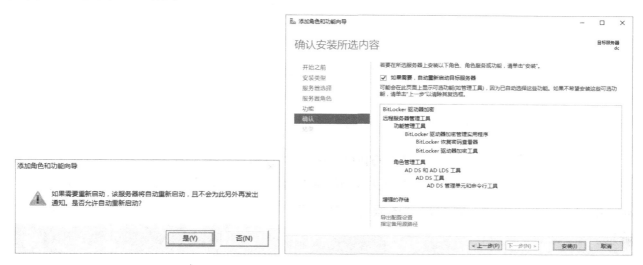

图 4.3.2　允许自动重新启动　　　　　图 4.3.3　确认安装所选内容

步骤 8：安装完成且自动重新启动后，在"安装进度"界面中，单击"关闭"按钮，如图 4.3.4 所示。

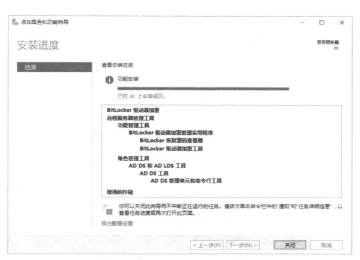

图 4.3.4　单击"关闭"按钮

2. 设置 BitLocker 驱动器加密服务为自动启动

步骤 1：选择"开始"→"运行"命令，打开"运行"对话框，在"打开"文本框中输入命令"services.msc"，单击"确定"按钮，如图 4.3.5 所示。

步骤 2：进入"服务"窗口，双击服务"BitLocker Drive Encryption Service"，如图 4.3.6 所示。

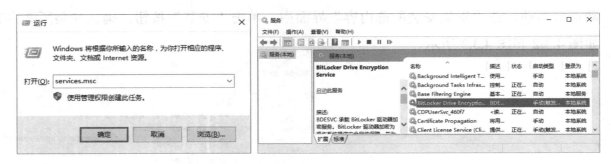

图 4.3.5　"运行"对话框　　　　　　　图 4.3.6　"服务"窗口

步骤 3：在"BitLocker Drive Encryption Service 的属性（本地计算机）"对话框中的"常规"选项卡的"启动类型"下拉列表中，选择"自动"选项，将该服务设置为开机自动启动，单击"启动"按钮，立即启动该服务，待服务启动完成后单击"确定"按钮，如图 4.3.7 所示。

图 4.3.7　设置 BitLocker 驱动器加密服务为自动启动

3. 加密驱动器

步骤 1：打开"控制面板"窗口，单击"系统和安全"链接，如图 4.3.8 所示。

步骤 2：进入"系统和安全"窗口，单击"BitLocker 驱动器加密"链接，若窗口中无此链接则可以重新启动计算机再次尝试，如图 4.3.9 所示。

图 4.3.8　单击"系统和安全"链接　　　**图 4.3.9　单击"BitLocker 驱动器加密"链接**

步骤 3：在"BitLocker 驱动器加密"窗口中，先单击"新加卷(E:)BitLocker 已关闭"（E:为本任务要操作的驱动器）链接展开设置项，然后单击"启用 BitLocker"链接，如图 4.3.10 所示。

图 4.3.10　启动 BitLocker

步骤 4：打开"BitLocker 驱动器加密(E:)"对话框，在"选择希望解锁此驱动器的方式"界面中，勾选"使用密码解锁驱动器"复选框，输入两次密码，单击"下一步"按钮，如图 4.3.11 所示。

步骤 5：在"你希望如何备份恢复密钥"界面中，单击"保存到文件"按钮，如图 4.3.12 所示。

图 4.3.11　选择希望解锁驱动器方式　　　**图 4.3.12　选择备份恢复密钥的方式**

步骤 6：在"将 BitLocker 恢复密钥另存为"界面中，设置密钥的文件名和保存位置，单击"保存"按钮后，单击"下一步"按钮，如图 4.3.13 所示。

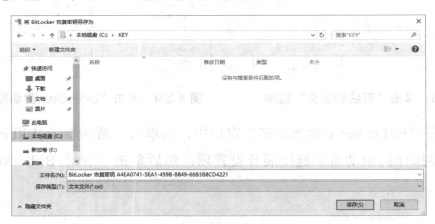

图 4.3.13　设置密钥的文件名和保存位置

步骤 7：在"选择要加密的驱动器空间大小"界面中，选中"仅加密已用磁盘空间（最适合于新电脑或新驱动器，且速度较快）"单选按钮，单击"下一步"按钮，如图 4.3.14 所示。

步骤 8：在"选择要使用的加密模式"界面中，选中"新加密模式（最适合用于此设备上的固定驱动器）"单选按钮，单击"下一步"按钮，如图 4.3.15 所示。

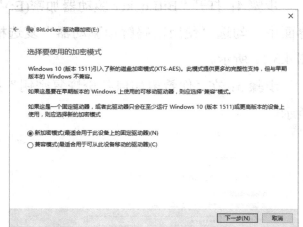

图 4.3.14　选择要加密的驱动器空间大小　　　　图 4.3.15　选择要使用的加密模式

步骤 9：在"是否准备加密该驱动器"界面中，单击"开始加密"按钮，如图 4.3.16 所示。

步骤 10：在弹出的"E:的加密已完成"界面中，单击"关闭"按钮，如图 4.3.17 所示。

步骤 11：打开"此电脑"窗口，当驱动器图标上出现一个打开状态的锁时，表示启用了 BitLocker 功能，但当前处于解锁状态，如图 4.3.18 所示。

图 4.3.16 确认是否加密驱动器

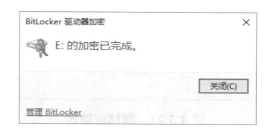

图 4.3.17 单击"关闭"按钮

图 4.3.18 "此电脑"窗口

4. 解锁驱动器

1) 方法一: 输入密码

步骤 1: 重新启动操作系统后,再次打开"此电脑"窗口,可以看到驱动器 E:的图标上出现了一个关闭状态的锁,表示此时处于加密状态,如图 4.3.19 所示。

步骤 2: 双击该驱动器图标,在弹出的对话框中,输入解锁密码,单击"解锁"按钮,如图 4.3.20 所示。

图 4.3.19 查看驱动器状态

图 4.3.20 输入解锁密码

步骤3：解锁后可以双击，进入驱动器，正常访问数据，如图4.3.21和图4.3.22所示。

图 4.3.21　解锁驱动器

图 4.3.22　访问驱动器

2）方法二：输入恢复密钥

步骤1：打开恢复密钥文件，将48位恢复密钥内容复制到剪切板上，如图4.3.23所示。

图 4.3.23　打开恢复密钥文件并复制内容

步骤2：双击处于BitLocker加密状态的驱动器，在弹出的对话框中单击"更多选项"链接，此时此链接会变为"更少选项"，单击"输入恢复密钥"链接，如图4.3.24所示。在弹出的对话框中，粘贴已复制的恢复密钥内容，并单击"解锁"按钮，如图4.3.25所示。

图 4.3.24　使用恢复密钥解锁驱动器　　　　图 4.3.25　输入密钥解锁驱动器

步骤3：驱动器解锁成功，如图4.3.26所示。

小贴士：

在使用BitLocker过程中，如果忘记解锁密码，则只能使用恢复密钥解锁驱动器。

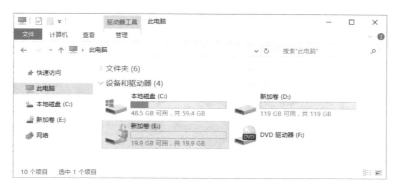

图 4.3.26　驱动器解锁成功

5. 关闭 BitLocker 驱动器加密功能

步骤 1：若要关闭 BitLocker 驱动器加密功能，则可以在"BitLocker 驱动器加密"窗口中选择对应的驱动器，单击"关闭 BitLocker"链接，如图 4.3.27 所示。

图 4.3.27　"BitLocker 驱动器加密"窗口

步骤 2：在弹出的"BitLocker 驱动器加密"对话框的"关闭 BitLocker"界面中，单击"关闭 BitLocker"按钮，如图 4.3.28 所示。

步骤 3：当出现"E: 的解密已完成。"的提示时，表示已经成功关闭了 BitLocker 驱动器加密功能，如图 4.3.29 所示。

图 4.3.28　"关闭 BitLocker"界面

图 4.3.29　解密完成

步骤 4：再次打开"此电脑"窗口，查看驱动器状态，可以看到已关闭 BitLocker 驱动器加密功能，如图 4.3.30 所示。

图 4.3.30 查看驱动器状态

知识链接

　　BitLocker 驱动器加密功能是在 Windows Vista 中新增的一种数据保护功能，主要用于解决一个人们越来越关心的问题，即由计算机设备的物理丢失导致的数据失窃或恶意泄漏。随同 Windows Server 2008 一同发布的有 BitLocker 实用程序，该程序能够通过加密逻辑驱动器保护重要数据，并且提供了系统启动完整性检查功能。

1. 驱动器类型

　　在 Windows Server 2016 中，BitLocker 将加密的驱动器分为 3 种类型，分别为操作系统驱动器、固定数据驱动器、可移动数据驱动器。

　　系统所在驱动器（一般 Windows 的系统盘驱动器号为 C:）会被识别为操作系统驱动器。

　　如果不是操作系统驱动器，则按照磁盘的接口识别，接口为 IDE、SATA 的磁盘会被识别为固定数据驱动器，接口为 NVMe、SCSI 的磁盘会被识别为可移动数据驱动器。

2. BitLocker 工作模式

　　BitLocker 主要有两种工作模式，分别为 TPM 模式和 U 盘模式。为了实现高安全性，可以同时启用这两种模式。

1）TPM 模式

　　要使用 TPM 模式，要求计算机中必须具备不低于 1.2 版 TPM 芯片，这种芯片是通过硬件提供的，一般只出现在对安全性要求较高的商用计算机或工作站上，家用计算机或普通的商用计算机通常不会提供。

　　要想知道计算机中是否有 TPM 芯片，可以运行 devmgmt.msc 命令打开设备管理器，查看在设备管理器中是否存在一个叫作"安全设备"的选项，在该选项中是否有"受信任的平台模块"这类的设备，并确定其版本即可。

2）U 盘模式

要使用 U 盘模式，需要计算机上有 USB 接口，计算机的 BIOS 支持在开机时访问 USB 设备（能够流畅运行 Windows Vista 或 Windows 7 的计算机基本上都应该具备这样的功能），并且需要有一个专用的 U 盘（U 盘只用于保存密钥文件，容量不用太大，但是质量一定要好）。使用 U 盘模式后，用于解密系统盘的密钥文件会被保存在 U 盘上，每次重新启动系统时必须在开机之前将 U 盘连接到计算机上。

受信任的平台模块是实现 TPM 模式的前提条件。

3. 有关 BitLocker 的密码策略

BitLocker 驱动器加密服务所涉及的组策略也要按照上述驱动器类型分别设置。以 "需要对固定数据驱动器使用密码" 这个策略为例，如果启用了这个策略，则需要设置密码的复杂性、最小密码长度等，这个设置只用于被 BitLocker 识别为固定数据驱动器且启用了 BitLocker 驱动器加密服务的驱动器，并不会作用到操作系统驱动器、可移动数据驱动器上。

此外，要使 BitLocker 解锁密码的复杂度策略生效，还要选择 "计算机配置" → "Windows 设置" → "安全设置" → "账户策略" → "密码策略" 选项，启用 "密码必须符合复杂性要求" 策略，但 BitLocker 的最小密码长度要求以自身的单独定义为准，不受账户策略的密码长度策略项的影响。

任务小结

（1）BitLocker 保护的 Windows 计算机的日常使用对用户来说是完全透明的。

（2）使用 BitLocker，所有用户和系统文件都可以加密，包括交换和休眠文件。

任务拓展

将 Server2 的 E 盘启用 BitLocker，使用密码解锁驱动器，仅加密已用磁盘空间，使用 XTS-AES 加密模式，启用自动解锁功能。

▶ 练习题

一、选择题

1. 在 RAID 中，以下不具有容错技术的是（　　）。

    A．RAID 0   B．RAID 1

    C．RAID 3   D．RAID 5

2．要启用磁盘配额管理，Windows Server 2016 驱动器必须使用的文件系统为（　　　）。

    A．FAT   B．FAT32

    C．NTFS   D．所有文件系统都可以

3．镜像卷的磁盘空间利用率为（　　　）。

    A．100%   B．75%   C．50%   D．80%

4．在 RAID-5 卷中，如果有 4 块磁盘，那么磁盘空间利用率为（　　　）。

    A．100%   B．75%   C．50%   D．80%

5．一块基本磁盘最多有（　　　）个主分区。

    A．1   B．2   C．3   D．4

6．一块基本磁盘最多有（　　　）个扩展分区。

    A．1   B．2   C．3   D．4

7．以下动态磁盘类型中，运行速度最快的是（　　　）。

    A．简单卷   B．带区卷   C．镜像卷   D．RAID-5 卷

8．在基本磁盘管理中，扩展分区不能用一个具体的驱动器号表示，必须在其中划分（　　）之后才能使用。

    A．主分区   B．卷   C．格式化   D．逻辑驱动器

二、实训题

某公司为文件服务器增加了 3 块大小为 500GB 的磁盘，为了方便使用，该公司创建了大小为 60GB 的简单卷用来存放各个部门的技术资料，后来发现简单卷存储空间不够，需要扩展到 200GB。财务部的数据非常重要，如果磁盘出现故障，数据需要能够恢复。

1．对新添加的磁盘进行联机和初始化。

2．将新添加的基本磁盘转换为动态磁盘。

3．在磁盘 1 上创建一个大小为 60GB 的简单卷。

4．对简单卷进行扩展，使其大小增大到 200GB。

5．使用 3 块磁盘剩余的空间创建 RAID-5 卷，用来存放财务部的资料。

项目 5

配置与管理 Active Directory 域服务

项目描述

　　某公司是一家电子商务运营公司，小彭刚开始管理公司的 20 台计算机时使用的是工作组管理模式，网络配置几乎不用管理，哪台计算机有问题，就去哪台计算机上解决，工作强度不是很大。但近些年来，由于公司快速发展，规模不断扩大，员工增加了几百人，计算机增加到了 500 台，小彭采用同样的管理方式，每天都很忙碌，从早到晚一直在解决计算机故障问题，经常加班到很晚，但问题仍解决不完。传统的工作组管理模式采用分散管理的方式，只适合小规模的网络管理。当网络中有上百台计算机时，需要一种更加高效的网络管理方式。Windows Server 2016 提供的域管理模式，可以很好地实现集中管理计算机和用户账户，以及其他网络资源的问题。

　　使用域管理模式可以很方便地实现对内网的所有计算机、用户账户、共享资源、安全策略的集中管理，域管理模式是一种更加高效的网络管理方式。在 Windows Server 2016 中安装了活动目录服务的服务器被称为域控制器，域是活动目录服务的逻辑管理单位。Active Directory 是 Windows Server 2016 提供的一种目录服务。它用于存储网络上各种对象的相关信息，以便管理员和用户查找与使用。

　　本项目主要介绍 Windows Server 2016 的域控制器的创建和配置、将 Windows 计算机加入域，管理域用户账户、组和组织单位，以及管理域组策略。项目拓扑结构如图 5.0.1 所示。

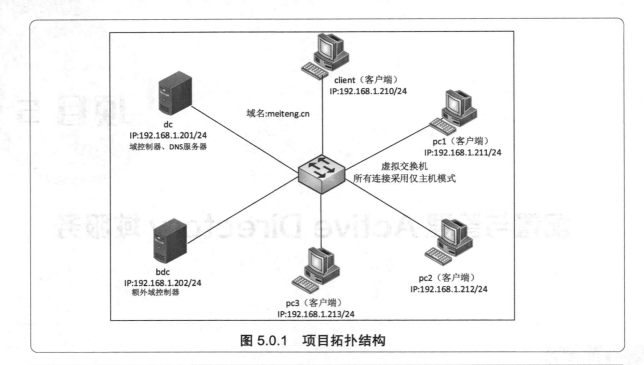

图 5.0.1　项目拓扑结构

知识目标

1. 理解域和 Active Directory 的概念。

2. 理解域的结构。

3. 理解域组策略的概念。

能力目标

1. 能够实现 Active Directory 的安装与管理。

2. 能够将计算机加入域或脱离域。

3. 能够管理域用户账户、组、组织单位和域组策略。

思政目标

1. 锻炼交流沟通的能力，逐步养成清晰、有序的逻辑思维。

2. 在管理用户账户、设置安全策略的过程中逐步建立网络安全意识。

3. 增强信息系统安全和集中管理意识，能够使用 Active Directory 管理内部计算机资源。

任务 5.1 ▶ 创建和配置域控制器

任务描述

小彭刚开始管理公司的 20 台计算机时，使用的是工作组管理模式，网络配置很简单，但由于公司近些年的快速发展，计算机增加到了 500 台，因此需要将旧的工作组管理模式升级成集中控制、资源共享、方便灵活的域管理模式。

任务要求

当网络中有上百台计算机时，公司开始使用域管理模式，把所有计算机加入域，由一台或数台域控制器集中管理域中的其他计算机。Windows Server 2016 提供的域管理模式，可以很好地实现此需求。Windows Server 2016 升级域控制器基本要求如表 5.1.1 所示。

表 5.1.1　Windows Server 2016 升级域控制器基本要求

项　　目	说　　明	角　　色
计算机名	dc	域控制器
域名	meiteng.cn	
IP 地址/子网掩码	192.168.1.201/24	
C 盘	NTFS 分区，有足够的磁盘空间	
管理模式	域管理模式	
计算机名	bdc	额外域控制器
IP 地址/子网掩码	192.168.1.202/24	
client	加入 meiteng.cn 域	客户端
pc1		
pc2		
pc3		

任务实施

1. 创建域控制器

当一台装有 Windows Server 2016 的服务器满足成为域控制器的所有条件时，就可以安装部署 Active Directory 控制器，这台 Active Directory 控制器将成为整个 Active Directory 的核心控制设备，所有权限分配、资源共享、身份验证等都由它完成。

1) 准备阶段

步骤 1：将计算机名设置为 dc，如图 5.1.1 所示。升级为域控制器后，计算机名会自动更改为 dc.meiteng.cn，其中 meiteng.cn 为域名。

步骤 2：修改计算机的 IP 地址和 DNS 服务器的 IP 地址，如图 5.1.2 所示。如果网络中有独立的 DNS 服务器，那么在此需要填写正确的 DNS 服务器的 IP 地址。在当前环境中，由于没有专门的 DNS 服务器，域控制器会自动安装 DNS 服务，并成为域网络的 DNS 服务器，因此 DNS 服务器的 IP 地址为本机 IP 地址。

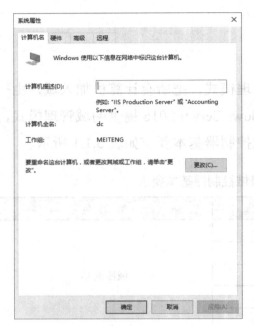
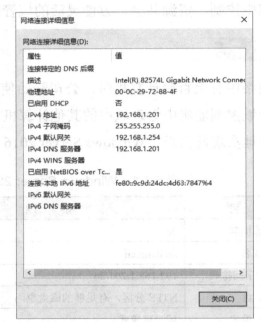

图 5.1.1 重命名计算机　　　　**图 5.1.2 修改计算机的 IP 地址和 DNS 服务器的 IP 地址**

2）安装 Active Directory 域服务与 DNS 服务器角色

步骤 1：在"服务器管理器"窗口中，依次选择"仪表板"→"快速启动"→"添加角色和功能"命令，打开"添加角色和功能向导"窗口，在"开始之前"界面中，单击"下一步"按钮，如图 5.1.3 所示。

步骤 2：在"选择安装类型"界面中，选中"基于角色或基于功能的安装"单选按钮，单击"下一步"按钮，如图 5.1.4 所示。

步骤 3：在"选择目标服务器"界面中，选中"从服务器池中选择服务器"单选按钮，选择本任务使用的服务器"dc"，单击"下一步"按钮，如图 5.1.5 所示。

步骤 4：在"选择服务器角色"界面中，勾选"Active Directory 域服务"复选框，在弹出的"添加 Active Directory 域服务所需的功能"界面中，单击"添加功能"按钮，返回"选择服务器角色"界面，勾选"DNS 服务器"复选框，在弹出的"添加 DNS 服务器所需的功能"对话框中,单击"添加功能"按钮,返回"选择服务器角色"界面,单击"下一步"按钮,如图 5.1.6 所示。

图 5.1.3　"添加角色和功能向导"窗口　　　图 5.1.4　选择安装类型

图 5.1.5　选择目标服务器　　　图 5.1.6　选择服务器角色

步骤 5:在"选择功能"界面中,单击"下一步"按钮。

步骤 6:在"Active Directory 域服务"界面中,单击"下一步"按钮。

步骤 7:在"DNS 服务器"界面中,单击"下一步"按钮。

步骤 8:在"确认安装所选内容"界面中,单击"安装"按钮,如图 5.1.7 所示。

步骤 9:安装成功后,在"安装进度"界面中,单击"关闭"按钮,如图 5.1.8 所示。

3)将此服务器提升为域控制器

步骤 1:在"服务器管理器"窗口中,单击感叹号图标,在弹出的继续完成配置的提示对话框中单击"将此服务器提升为域控制器"链接,如图 5.1.9 所示。

步骤 2:在"Active Directory 域服务配置向导"窗口的"配置部署"界面中,选中"添加新林"单选按钮,在"根域名"文本框中,输入根域名,本任务输入"meiteng.cn",单击"下一步"按钮，如图5.1.10所示。

图5.1.7　确认安装所选内容　　　　　　　图5.1.8　安装成功

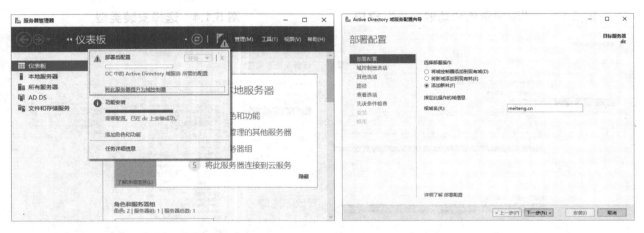

图5.1.9　继续完成配置的提示对话框　　　图5.1.10　添加新林并输入根域名

小贴士：

　　域控制器是安装 Active Directory 域服务的计算机，存储了用户账户、计算机位置等目录数据，负责管理用户账户对访问网络资源的各种权限，包括管理登录域、账号的身份验证，以及访问目录和共享资源等，一个 Active Directory 域环境中至少有一台域控制器。

　　步骤3：在"域控制器选项"界面中，选择"林功能级别"和"域功能级别"均为"Windows Server 2016"，输入两次目录服务还原模式（DSRM）密码，单击"下一步"按钮，如图5.1.11所示。

　　步骤4：在"DNS选项"界面中，单击"下一步"按钮，如图5.1.12所示。

图 5.1.11　设置域控制器选项

图 5.1.12　设置 DNS 选项

小贴士：

　　域和林的功能级别指以何种方式在 Active Directory 域环境中启用全域性或全林性功能。功能级别越高，域支持的功能就越强，但向下兼容性就越差。例如，若在域环境中有 Windows Server 2016 和 Windows Server 2019 计算机，则可以选择较低的 Windows Server 2016 为功能级别；若系统均为 Windows Server 2016，则可以选择 Windows Server 2016 为功能级别。

　　步骤 5：在"其他选项"界面中，使用默认的 NetBIOS 域名，单击"下一步"按钮，如图 5.1.13 所示。

　　步骤 6：在"路径"界面中，使用默认的存储路径，单击"下一步"按钮，如图 5.1.14 所示。

图 5.1.13　设置 NetBIOS 域名

图 5.1.14　设置 AD DS 相关存储路径

　　步骤 7：在"查看选项"界面中，单击"下一步"按钮，如图 5.1.15 所示。

步骤 8：在"先决条件检查"界面中，出现"所有先决条件检查都成功通过。请单击'安装'开始安装。"的提示后，单击"安装"按钮，如图 5.1.16 所示。安装完成后，重新启动计算机。

图 5.1.15　查看 AD DS 配置选项

图 5.1.16　查看先决条件检查结果

4）登录域控制器

重新启动计算机后，按组合键 Ctrl+Alt+Delete 登录系统，可以看到登录的用户为域管理员，登录的用户名为 MEITENG\Administrator，如图 5.1.17 所示。

图 5.1.17　登录域控制器

小贴士：

登录域控制器的域用户名格式为"域 NetBIOS 名\用户名"，如 ABC\Administrator。在域成员计算机上登录时，除可以采用这种方式外，还可以采用"用户名@域名"的方式，如 administrator@abc.cn。

5）查看域控制器

步骤 1：在"服务器管理器"窗口中，选择"工具"→"Active Directory 用户和计算机"命令，如图 5.1.18 所示。

步骤 2：在"Active Directory 用户和计算机"窗口中，选择"meiteng.cn"→"Domain Controllers"选项，可以看到服务器 dc 的角色已经成功升级为域控制器，如图 5.1.19 所示。

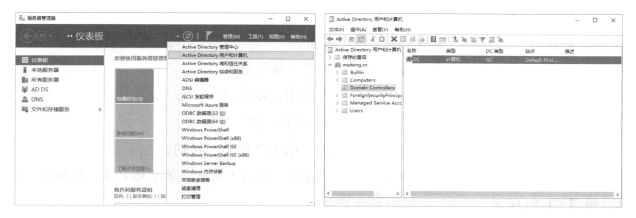

图 5.1.18　"服务器管理器"窗口　　　图 5.1.19　"Active Directory 用户和计算机"窗口

2．添加额外域控制器

在一个装有 Windows Server 2016 的组成域中可以有多台地位平等的域控制器，它们都有所属域的 Active Directory 的副本，多台域控制器可以分担用户登录时的验证任务，同时能防止因单一域控制器的失败而导致网络的瘫痪问题。在域中的某台域控制器上添加用户账户时，域控制器会把 Active Directory 的变化复制到域中的其他域控制器上。在域中安装额外域控制器，需要把 Active Directory 从原有的域控制器复制到新的服务器上。下面以 bdc 为例说明添加额外域控制器的过程。

1）准备阶段

步骤 1：将计算机名设置为 bdc，升级为额外域控制器后，计算机名会自动更改为 bdc.meiteng.cn，其中 meiteng.cn 为域名。

步骤 2：修改计算机的 IP 地址为 192.168.1.202/24 和 DNS 服务器的 IP 地址为 192.168.1.201。

2）安装 Active Directory 域服务

步骤 1：在"服务器管理器"窗口中，依次选择"仪表板"→"快速启动"→"添加角色和功能"命令，打开"添加角色和功能向导"窗口，在"开始之前"界面中，单击"下一步"按钮。

步骤 2：在"选择安装类型"界面中，选中"基于角色或基于功能的安装"单选按钮，单击"下一步"按钮。

步骤 3：在"选择目标服务器"界面中，选择"从服务器池中选择服务器"单选按钮，选择本任务使用的服务器"bdc"，单击"下一步"按钮。

步骤 4：在"选择服务器角色"界面中，勾选"Active Directory 域服务"复选框，在弹出的"添加 Active Directory 域服务所需的功能"界面中，单击"添加功能"按钮，返回"选择服务器角色"界面，单击"下一步"按钮。

步骤 5：在"选择功能"界面中，单击"下一步"按钮。

步骤 6：在"Active Directory 域服务"界面中，单击"下一步"按钮。

步骤 7：在"DNS 服务器"界面中，单击"下一步"按钮。

步骤 8：在"确认安装所选内容"界面中，单击"安装"按钮。

步骤 9：安装成功后，在"安装进度"界面中，单击"将此服务器提升为域控制器"链接，如图 5.1.20 所示。

图 5.1.20 安装进度

步骤 10：在"Active Directory 域服务配置向导"窗口的"部署配置"界面中，选中"将域控制器添加到现有域"单选按钮，在"域"文本框中输入"meiteng.cn"，单击"更改"按钮，如图 5.1.21 所示。在打开的"Windows 安全性"对话框中，输入有权限添加域控制器的账户与密码。单击"确定"按钮，如图 5.1.22 所示。关闭"Windows 安全"对话框，在"部署配置"界面中，单击"下一步"按钮，如图 5.1.23 所示。

步骤 11：在"域控制器选项"界面中，确认默认设置，并输入两次目录服务还原模式（DSRM）密码，单击"下一步"按钮，如图 5.1.24 所示。

图 5.1.21　选择部署操作并指定域信息　　　　图 5.1.22　输入账户和密码

图 5.1.23　单击"下一步"按钮　　　图 5.1.24　输入目录服务还原模式（DSRM）密码

步骤 12：在"DNS 选项"界面中，单击"下一步"按钮，如图 5.1.25 所示。

步骤 13：在"其他选项"界面中，选择"复制自"为"dc.meiteng.cn"，单击"下一步"按钮，如图 5.1.26 所示。

图 5.1.25　设置 DNS 选项　　　　　图 5.1.26　设置其他选项

步骤 14：后面的步骤和创建域林中的域控制器时的步骤一样，这里不再详述。单击"确定"按钮后，安装向导从原有的域控制器上开始复制 Active Directory。安装完成后，重新启动计算机。

3. 查看域控制器

步骤 1：在"服务器管理器"窗口中，选择"工具"→"Active Directory 用户和计算机"命令。

步骤 2：在"Active Directory 用户和计算机"窗口中，选择"meiteng.cn"→"Domain Controllers"选项，可以看到服务器 bdc 的角色已经成功升级为域控制器，如图 5.1.27 所示。

图 5.1.27 "Active Directory 用户和计算机"窗口

4. 降级域控制器

1）域控制器降级为成员服务器

在域控制器上把 Active Directory 删除，域控制器就降为成员服务器了，下面以 bdc.meiteng.cn 降级为例介绍其实现过程。

步骤 1：在"服务器管理器"窗口中，依次选择"管理"→"删除角色和功能"命令，打开"删除角色和功能向导"窗口，在"开始之前"界面中，单击"下一步"按钮，如图 5.1.28 所示。

步骤 2：在"选择目标服务器"界面中，选中"从服务器池中选择服务器"单选按钮，选择本任务使用的服务器"bdc.meiteng.cn"，单击"下一步"按钮。

步骤 3：在"删除服务器角色"界面中，勾选"Active Directory 域服务"复选框，在弹出的"删除 Active Directory 域服务所需的功能"界面中，单击"删除功能"按钮，在弹出的界面中，单击"将此域控制器降级"链接，如图 5.1.29 所示。

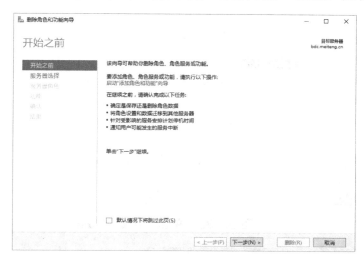

图 5.1.28　"删除角色和功能向导"窗口　　图 5.1.29　单击"将此域控制器降级"链接

步骤 4：在"凭据"界面中，单击"下一步"按钮，如图 5.1.30 所示。

步骤 5：在"警告"界面中，勾选"继续删除"复选框，单击"下一步"按钮，如图 5.1.31 所示。

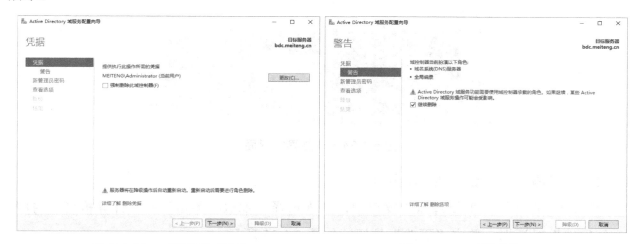

图 5.1.30　"凭据"界面　　　　　　　　　图 5.1.31　"警告"界面

步骤 6：在"新管理员密码"界面中，输入新管理员密码，单击"下一步"按钮，如图 5.1.32 所示。

步骤 7：在"查看选项"界面中，单击"降级"按钮，域控制器开始降级，如图 5.1.33 所示。

步骤 8：在"结果"界面中，出现"已成功将 Active Directory 域控制器降级"的提示，如图 5.1.34 所示。删除完成后，重新启动计算机，这样就把域控制器降级为成员服务器了。

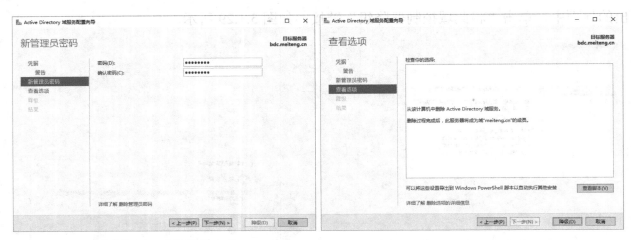

| 图 5.1.32 输入新管理员密码 | 图 5.1.33 单击"降级"按钮 |

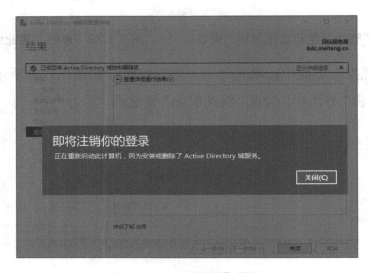

图 5.1.34 "结果"界面

2）成员服务器降级为独立服务器

步骤 1：在"服务器管理器"窗口中，依次选择"本地服务器"→"计算机名"，打开"系统属性"对话框，单击"更改"按钮，如图 5.1.35 所示。

步骤 2：在打开的"计算机名/域更改"对话框中，选中"工作组"单选按钮，并在"工作组"文本框中输入从域中脱离后要加入的工作组的名称，单击"确定"按钮，如图 5.1.36 所示。

步骤 3：在弹出的"离开域后，你需要知道本地管理员账户的密码才能登录到计算机。单击'确定'继续"界面中，单击"确定"按钮，如图 5.1.37 所示。

步骤 4：在弹出的"欢迎加入 MEITENG 工作组"界面中，单击"确定"按钮，重新启动计算机即可，如图 5.1.38 所示。

图 5.1.35　"系统属性"对话框

图 5.1.36　"计算机名/域更改"对话框

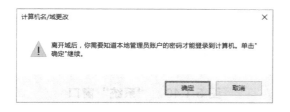

图 5.1.37　单击"确定"按钮

图 5.1.38　单击"确定"按钮

5. 客户端加入域

这里以 client 客户端为例，完成客户端加入域的过程。

1）设置计算机的 IP 地址

如果计算机需要加入域，那么应具备两个条件：一是计算机能够与域控制器进行通信，且将首选 DNS 服务器的 IP 地址指向域控制器；二是需要一个能够登录 Active Directory 的域账户，在首次加入域时可以先使用域管理员账户完成，后续再为公司员工建立普通身份的域账户。

设置成员计算机的 IP 地址参数，将首选 DNS 服务器指向域控制器的 IP 地址，如图 5.1.39 所示。

小贴士：

在一个 Active Directory 域环境中，如果具有两台域控制器，那么可以将首选 DNS 服务器的 IP 地址指向主域控制器（PDC），将备用 DNS 服务器的 IP 地址指向辅助域控制器（bdc），以确保主域控制器在停机维护的情况下，由辅助域控制器处理成员计算机的加入和登录域的请求。

2）将计算机加入域

步骤 1：在桌面上右击"此电脑"图标，在弹出的快捷菜单中选择"属性"命令，弹出"系统"窗口，在"计算机名、域和工作组设置"选项组中，单击"更改设置"链接，如图 5.1.40 所示。

图 5.1.39　设置成员计算机的 IP 地址　　　　**图 5.1.40　　"系统"窗口**

步骤 2：在打开的"系统属性"对话框中，单击"更改"按钮，如图 5.1.41 所示。

步骤 3：在"计算机名/域更改"对话框中，将"计算机名"修改为"client"，选中"域"单选按钮，并在"域"文本框中输入要加入域的名称"meiteng.cn"，单击"确定"按钮，如图 5.1.42 所示。

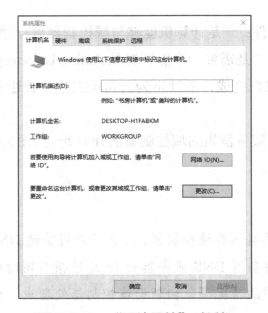

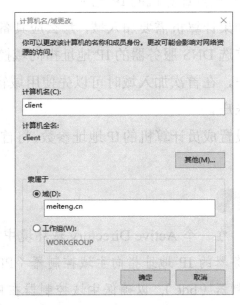

图 5.1.41　　"系统属性"对话框　　　　**图 5.1.42　　"计算机名/域更改"对话框**

步骤 4：在弹出的"Windows 安全中心"对话框中，输入有权限加入该域的用户账户和密码，单击"确定"按钮，如图 5.1.43 所示。

步骤 5：在弹出的"欢迎加入 meiteng.cn 域"界面中，单击"确定"按钮，如图 5.1.44 所示。

图 5.1.43　输入用户账户和密码

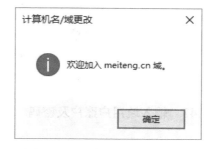

图 5.1.44　加入域成功提示

步骤 6：返回后可以看到重新启动计算机的相关提示，单击"确定"按钮，如图 5.1.45 所示。在"Microsoft Windows"对话框中，单击"立即重新启动"按钮，如图 5.1.46 所示。

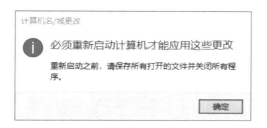

图 5.1.45　重新启动计算机的相关提示

图 5.1.46　"Microsoft Windows"对话框

步骤 7：重新启动计算机后，按组合键 Ctrl+Alt+Del 登录，单击"其他用户"图标，并输入域用户账户及密码，本任务使用域管理员账户"meiteng\administrator"（也可以使用 administrator@meiteng.cn 作为账户的名称）及密码，单击 ➡ 图标即可登录成员计算机，如图 5.1.47 所示。

步骤 8：在桌面上右击"此电脑"图标，打开"系统"窗口，查看有关计算机的基本信息，可以看到"计算机名、域和工作组设置"选项组中的"域"变为了"meiteng.cn"，如图 5.1.48 所示。

3）在域控制器中查看成员计算机

在"服务器管理器"窗口中，选择"工具"→"Active Directory 用户和计算机"命令，在打开的"Active Directory 用户和计算机"窗口中，选择"meiteng.cn"→"Computers"选项，在右侧可以查看域成员信息，如图 5.1.49 所示。

图 5.1.47　输入域用户账户及密码

图 5.1.48　加入域后的计算机的基本信息

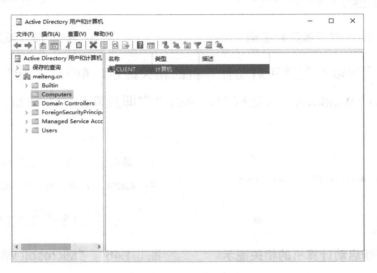

图 5.1.49　查看域成员信息

小贴士：

　　在域控制器版本较低的 Active Directory 域环境中，一般需要将域控制器迁移到系统版本较高的服务器中。若因某些情况无法迁移，则可以在域控制器上对域架构进行升级。以域控制器系统是 Windows Server 2012 R2、成员是 Windows Server 2016 为例，若因某些情况无法迁移，则需要在 Windows Server 2012 R2 域控制器中使用 Windows Server 2016 安装 adprep 组件升级林、域的架构。

知识链接

1. 活动目录服务

目录在日常生活中经常用到，能够帮助人们很容易并且迅速地搜索到需要的数据，如手机通信录中存储的电话目录，计算机文件系统中记录文件名、大小、日期等数据的文件目录。活动目录域服务是一种服务，这里所说的目录不是一个普通的文件目录，而是一个目录数据库，它存储着整个 Windows 网络中的用户账户、组、打印机和共享文件夹等对象的相关信息。目录数据库使整个 Windows 网络的配置信息集中存储，管理员可以集中管理网络，进而提高管理效率。

Active Directory 是一种服务，目录数据库中存储的信息都是经过事先整理的有组织、结构化的数据信息，可以让用户非常方便、快速地找到所需数据，也可以让用户十分方便地对 Active Directory 中的数据执行添加、删除、修改、查询等操作。Active Directory 具有以下特点。

1）集中管理

Active Directory 集中组织和管理网络中的资源信息，类似图书馆的图书目录，图书目录存放了图书馆的图书信息，方便管理。使用 Active Directory，可以很方便地管理各种网络资源。

2）便捷的网络资源访问

Active Directory 允许用户只登录一次网络就可以访问网络中的所有该用户账户有权限访问的资源，而且用户在访问网络资源时不必知道资源所在的物理位置，就可以快速找到资源。

3）可扩展性

Active Directory 具有强大的可扩展性，可以随着公司或组织规模的增长而扩展，从一个网络对象较少的小型网络环境发展成大型网络环境。

2. 域和域控制器

域是 Active Directory 的一种实现形式，也是 Active Directory 的核心管理单位。在域中可以将一组计算机作为一个管理单位，域管理员可以实现对整个域的管理和控制。例如，域管理员为用户创建域用户账号，使他们可以登录域并访问域资源，控制用户什么时间在什么地点登录、能否登录、登录后能够执行哪些操作等。

域由域控制器和成员计算机组成，域网络结构如图 5.1.50 所示。域控制器就是安装了活动目录服务的计算机。Active Directory 的数据都保存在域控制器中，即 Active Directory 数据库中。一个域可以有多台域控制器，它们都存储着一份完全相同的 Active Directory，并会根据数据的变化同步更新。例如，当任意一台域控制器中添加了一个用户账户后，这个用户的相关数据就会被复制到其他域控制器的 Active Directory 中，保持数据同步，当用户登录时，将由其中一台域控制器验证用户的身份。

域控制器
（服务器）

客户端1　客户端2　客户端3

图5.1.50　域网络结构

管理员可以通过修改 Active Directory 数据库的配置实现对整个域的管理和控制，域中的客户端要访问域的资源，必须先加入域，并通过管理员为其创建的域用户账户登录域，同时必须接受管理员的控制和管理。

3. Active Directory 和 DNS

在 TCP/IP 网络中，DNS 是用来解决域名和 IP 地址的映射关系的。Windows Server 2016 的 Active Directory 和 DNS 是紧密不可分的，由于 Active Directory 使用 DNS 服务器登记域控制器的 IP 地址、各种资源的定位等，因此在一个域林中至少要有一台 DNS 服务器存在。此外，Windows Server 2016 中域的命名采用 DNS 格式。

4. 域控制器、成员服务器与独立服务器

1）域控制器

域控制器是运行 Active Directory 的装有 Windows Server 2016 的服务器。在域控制器上，Active Directory 存储了所有域内的账户和策略信息，如系统的安全策略、用户身份验证数据和目录搜索等。正是由于 Active Directory 的存在，使得域控制器不再需要 SAM。

一个域可以有一台或多台域控制器。通常单个局域网的用户可能只需要一个域就能够满足要求。由于一个域比较简单，因此整个域也只需要一台域控制器。为了获得高可用和较强的容错能力，具有多个网络位置的大型网络或组织可能在每个部分都需要一台或多台域控制器。

2）成员服务器

一台成员服务器是一台运行 Windows Server 2016 的域成员服务器，由于不是域控制器，因此成员服务器不执行用户身份验证，并且不存储安全策略信息。这样可以让成员服务器以更高的处理能力处理网络中的其他服务。在网络中，通常使用成员服务器作为专用的文件服务器、应用服务器、数据库服务器或 Web 服务器，成员服务器专门用于为网络中的用户提供一种或几种服务。

3）独立服务器

独立服务器既不是域控制器，又不是某个域的成员。它是一台具有独立安全边界的计算机，维护本机独立的用户账户信息并服务于本机的身份验证。独立服务器以工作组的形式与其他计算机组建成对等网。

服务器角色的转化如图 5.1.51 所示。

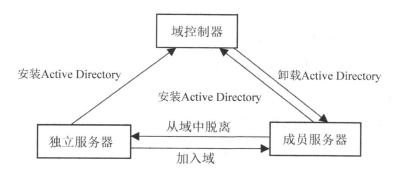

图 5.1.51 服务器角色的转化

任务小结

（1）在工作组模式下的计算机若需加入域，则首先需要确保其首选 DNS 服务器指向域控制器，以及使用其能够正常解析记录，其次修改计算机的属性信息并输入要加入域的名称，最后进行加入域权限的身份验证，在验证通过后需要重新启动计算机完成加入域的操作。

（2）作为域成员的计算机可以继续使用本地账户进入系统工作，在工作组模式下也可以使用域账户登录服务器或计算机，其登录用户名可以采用 user@mydomian.cn 或 MYDOMAIN\user 两种形式。

任务拓展

（1）分别将操作系统为 Windows 10、Windows Server 2016 的计算机加入 Active Directory 域环境的 meiteng.cn 域中，并以域管理员的身份登录。

（2）将操作系统为 Windows 10 的计算机退出 meiteng.cn 域。

任务 5.2 ▶管理域用户账户、组和组织单位

任务描述

小彭根据需求已经完成 Active Directory 域环境的初步部署，小彭已将财务部的计算机及销售部的若干台计算机加入 meiteng.cn 域，现小彭要为这些员工创建登录 meiteng.cn 域的用户账户并对这些用户账户进行分组。

根据公司业务需求，需要在域控制器上添加域用户账户并按照部门对其进行逻辑划分，考虑到日后会使用组策略对相应部门的计算机和用户账户进行管理，组织单位可以对某个部门的组、用户账户、用户计算机等进行组策略设置。

本任务在域控制器 dc 上完成相关操作，采用由大到小的原则分别新建组织单位、组、用户账户，将组、用户账户、用户计算机划分到相应的组织单位中。组织结构转换为域的逻辑关系如表 5.2.1 所示。

表 5.2.1　组织结构转换为域的逻辑关系

组织单位（部门名称）	组	用 户 账 户	用户计算机
销售部	Sales	Zhangsan	client
		Lisi	pc1
财务部	Finances	Wangwu	pc2
		Zhaoliu	pc3

任务实施

1. 新建组织单位

步骤 1：在域控制器 dc 的"服务器管理器"窗口中，选择"工具"→"Active Directory 用户和计算机"命令，在打开的"Active Directory 用户和计算机"窗口中，右击"meiteng.cn"选项，在弹出的快捷菜单中依次选择"新建"→"组织单位"命令，新建组织单位，如图 5.2.1 所示。

步骤 2：在"新建对象-组织单位"对话框的"名称"文本框中输入组织单位名称"销售部"，单击"确定"按钮，如图 5.2.2 所示。

图 5.2.1　新建组织单位

图 5.2.2　输入组织单位名称

2. 在组织单位中新建组

步骤 1：右击"销售部"选项，在弹出的快捷菜单中依次选择"新建"→"组"命令，如图 5.2.3 所示。

步骤 2：在"新建对象-组"对话框中，输入组名"Sales"（本任务中销售部的组名），单击"确定"按钮，如图 5.2.4 所示。

图 5.2.3　新建组　　　　　　　　　图 5.2.4　输入组名

3. 在组织单位中新建用户账户

步骤 1：右击"销售部"选项，在弹出的快捷菜单中依次选择"新建"→"用户"命令，新建用户账户，如图 5.2.5 所示。

步骤 2：在"新建对象-用户"对话框中，输入姓名和用户登录名（本任务中使用销售部的用户账户），单击"下一步"按钮，如图 5.2.6 所示。

图 5.2.5　新建用户账户　　　　　　　图 5.2.6　输入姓名和用户登录名

步骤 3：在"新建对象-用户"对话框中，输入两次密码。为了便于管理，取消勾选"用户下次登录时须更改密码"复选框，勾选"用户不能更改密码"和"密码永不过期"复选框，单击"下一步"按钮，如图 5.2.7 所示。

步骤 4：查看用户账户信息，单击"完成"按钮，如图 5.2.8 所示。

图 5.2.7　输入密码　　　　　　　　　图 5.2.8　查看用户账户信息

步骤 5：参照上述步骤完成销售部中 Lisi 的创建与管理，这里不再赘述。

4. 将用户账户添加到组中

步骤 1：右击"Zhangsan"和"Lisi"，在弹出的快捷菜单中选择"添加到组"命令，如图 5.2.9 所示。

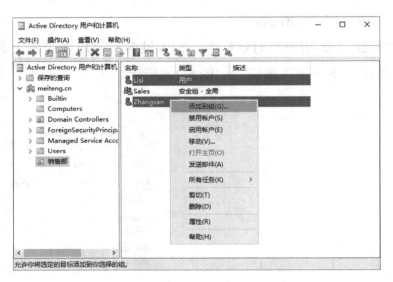

图 5.2.9　将用户账户添加到组中

步骤 2：在"选择组"对话框中，输入组名"Sales"或依次单击"高级"和"立即查找"按钮后，在"输入对象名称来选择（示例）"列表框中选择"Sales"选项，单击"确定"

按钮，如图 5.2.10 所示。在弹出的"已成功完成'添加到组'的操作"界面中，单击"确定"按钮，如图 5.2.11 所示。

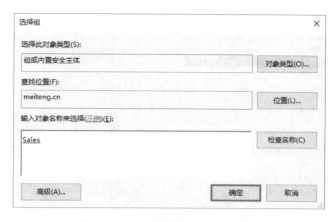

图 5.2.10　"选择组"对话框

图 5.2.11　单击"确定"按钮

5. 将成员计算机移动到组织单位

步骤 1：在"Active Directory 用户和计算机"窗口中，双击容器"Computers"，右击右侧要移动位置的计算机"CLIENT"（本任务中的销售部计算机），在弹出的快捷菜单中选择"移动"命令，如图 5.2.12 所示。

步骤 2：在弹出的"移动"对话框中，选择要移动到的组织单位，本任务选择"销售部"，单击"确定"按钮，如图 5.2.13 所示。

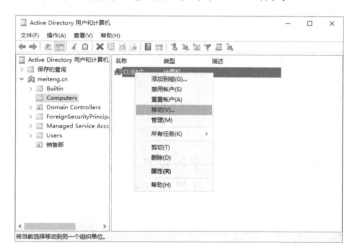

图 5.2.12　将成员计算机移动到组织单位

图 5.2.13　选择要移动到的组织单位

步骤 3：返回"Active Directory 用户和计算机"窗口，双击组织单位"销售部"，可以查看其所包含的对象，如图 5.2.14 所示。

参照上述步骤完成表 5.2.1 中财务部对象的创建与管理，这里不再赘述。

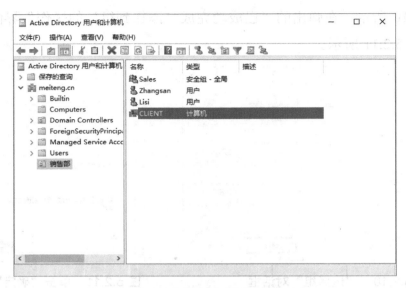

图 5.2.14　查看组织单位内的对象

🔘 **知识链接**

Active Directory 域用户账户代表物理实体，如人员。管理员可以将用户账户用作某些应用程序的专用服务账户。用户账户也被称为安全主体。安全主体指自动为其分配 SID 的目录对象，这些对象可以用于访问域资源。用户账户的主要作用有两个。

一是验证用户的身份。用户可以使用能够通过域身份验证的身份登录计算机或域。每个登录到网络中的用户都应该有自己唯一的账户和密码。为了最大限度地保证安全，要避免多个用户共享同一个账户。

二是授权或拒绝对域资源的访问。在验证用户身份之后，为该用户账户授予访问域资源的权限或拒绝该用户账户对域资源的访问。

1.　域用户

域用户账户是建立在域控制器的 Active Directory 数据库中的账户。此类账户具有全局性，可以登录到域网络环境模式中的任何一台计算机上，并获得访问该网络的权限。这需要系统管理员在域控制器中，为每个登录到域网络环境模式中的计算机的用户创建一个用户账户。

"Active Directory 用户和计算机管理"窗口中的"用户"包含两种内置用户账户，分别为 Administrator 和 Guest。这些内置用户账户是在创建域时自动创建的。

每个内置用户账户都有不同的权限组合。Administrator 在域内具有最大的权限，而 Guest 则具有有限的权限。

如果网络管理员没有修改或禁用内置用户账户的权限，那么恶意用户（或服务）就会使用这些权限通过 Administrator 或 Guest 非法登录域。保护这些用户账户的一种较好的安全操作是重命名或禁用它们。由于重命名的用户账户会保留 SID，因此也会保留其他所有属性，如说明、密码、组成员身份、用户配置文件、账户信息及任何已分配的权限和用户权利。

若要拥有用户身份验证和授权的安全优势，则可以通过"Active Directory 用户和计算机"窗口为所有加入网络的用户创建单独的用户账户，并将各个用户账户（包括 Administrator 和 Guest）添加到组，以控制分配给该账户的权限。若具有适合某个网络的用户账户和组，则要确保可以识别登录该网络的用户账户和只能访问允许资源的用户。

设置强密码和实施账户锁定策略，可以帮助域抵御攻击。强密码会减少攻击者对密码的智能密码猜测和字典攻击的危险。账户锁定策略会减少攻击者通过重复登录企图危及用户账户所在域的安全的可能性。账户锁定策略将确定用户在禁用之前尝试登录的失败次数。

2．组

组指用户与计算机账户、联系人，以及其他可以作为单个单位管理的组的集合。属于特定组的用户和计算机被称为组成员。

Active Directory 域服务中的组都是驻留在域和组织单位容器对象中的目录对象。Active Directory 域服务中自动安装了系统默认的内置组，也允许以后根据实际需要创建组。此外，管理员还可以灵活地控制域中的组和成员。通过对 Active Directory 域服务中的组进行管理，可以提供如下功能。

●资源权限的管理，即为组而不是个别用户账户指派资源权限，这样可以将相同的资源访问权限指派给该组的所有成员。

●用户账户集中的管理，可以创建一个应用组，指定组成员的操作权限，并向该组中添加需要拥有与该组相同权限的成员。

1）按照安全性质划分组

在 Windows Server 2016 中，按照安全性质可以将组划分为安全组和通信组两种类型。

（1）安全组。安全组主要用于控制和管理资源的安全性。使用安全组，可以在共享资源的"属性"窗口中，选择"共享"选项卡，并为该组的成员分配访问控制权限。例如，设置该组的成员对特定文件夹具有写入权限。

（2）通信组。通信组，又被称为分布式组，用来管理与安全性无关的任务。例如，将信息发送给某个分布式组。通信组不能为其设置资源权限，即不能在某个文件夹的"共享"选项卡中为该组的成员分配访问控制权限。

2）按照作用域划分组

组都有一个作用域，用来确定在域树或域林中该组的应用范围。按照作用域可以将组划分为 3 种类型，即全局组、本地域组和通用组。

（1）全局组。全局组主要用来组织用户账户，面向域用户账户，即全局组中只包含所属域的域用户账户。为了管理方便，管理员通常将多个具有相同权限的用户账户加入一个全局组。之所以被称为全局组，是因为它不仅能够在所创建的计算机上使用，而且能够在域中的任何一台计算机上使用。只有在 Windows Server 2016 域控制器上能够创建全局组。

（2）本地域组。本地域组主要用来管理域的资源。通过本地域组，可以快速地为本地域、其他信任域的用户账户和全局组的成员指定访问本地资源的权限。本地域组由该组所属域的用户账户、通用组和全局组组成，不包含非本域的本地域组。为了管理方便，管理员通常在本域内建立本地域组，并根据资源访问的需要将适合的全局组和通用组加入该组，并为该组分配本地资源的访问控制权限。本地域组的成员仅限于访问本域内的资源，而无法访问其他域内的资源。

（3）通用组。通用组用来管理所有域内的资源，包含任何一个域内的用户账户、通用组和全局组，但不包含本地域组。一般在大型企业应用环境中，管理员会先建立通用组，再为该组的成员分配在各个域内的访问控制权限。通用组的成员可以使用所有域内的资源。

3．组织单位

域中包含的一种特别有用的目录对象类型是组织单位。组织单位是一个 Active Directory 容器，用于放置用户账户、组、计算机和其他组织单位。组织单位不能包含来自其他域中的对象。

组织单位可以向其分配组策略设置或委派管理权利的最小作用域或单位。管理员使用组织单位可以在域中创建表示组织中的层次结构、逻辑结构的容器，并根据组织模型管理账户，以及配置和使用资源。

组织单位可以包含其他组织单位。管理员可以根据需要将组织单位的层次结构扩展为模拟域中组织的层次结构。使用组织单位有助于最大限度地减少网络中所需的域数目。

管理员可以使用组织单位创建能够缩放到任意大小的管理模型，具有对域中的所有组织单位或单个组织单位的管理权利。一个组织单位的管理员不一定对域中的任何其他组织单位具有管理权利。

4．管理域用户账户、组和组织单位

如果要管理域用户账户，那么需要在 Active Directory 域服务中创建用户账户。若要执行此过程,则创建的用户账户必须是 Active Directory 域服务中 Account Operators 组、Domain Admins 组或 Enterprise Admins 组的成员，或者必须被委派了适当的权限。

如果未分配密码，则用户在首次尝试登录时（使用空白密码）系统会弹出一条登录消息显示"您必须在第一次登录时更改密码"。更改密码后，登录过程将继续。如果用户账户的密码已更改，则必须重置使用该用户账户验证的服务。

若要添加组，则可以先选择要添加组的文件夹，然后单击工具栏上的"新建组"图标完成此过程，至少需要使用 Account Operators 组、Domain Admins 组、 Enterprise Admins 组或类似组中的成员身份。

任务小结

（1）如果需要使用组织单位对用户账户、组、用户计算机等资源按部门进行逻辑划分，那么建议先建立组织单位，然后在组织单位内新建用户账户和组，这样新建的用户账户和组等就会默认在对应的组织单位中，而不是在 Domain\Users 容器中，避免了对用户账户和组进行移动时产生的错误。

（2）将用户账户划分到组中，既可通过修改用户账户的"隶属于"属性实现，又可以通过修改组的"成员"属性实现。

任务拓展

上网查找域用户状态迁移工具（User State Migration Tool，简称 USMT）的相关介绍，体验使用工具包内的 scanstate 命令备份域用户信息，使用 loadstate 命令导入域用户信息。

任务 5.3 ▶ 管理域组策略

任务描述

某公司已经为各个部门使用 Active Directory 域环境的员工创建了用户账户，小彭发现销售部的员工需要经常访问公司首页，他们希望登录系统后在桌面上能够自动建立一个访问公司首页的快捷方式。财务部员工自行修改了 Windows 中的注册表，产生了软件故障。

任务要求

针对公司的需求，网络管理员需要针对销售部和财务部设置域安全策略。域安全策略基本要求如表 5.3.1 所示。

表 5.3.1 域安全策略基本要求

项　目	说　明
组织单位	销售部，包含 Zhangsan 和 Lisi（任务 5.2 中已创建）
	财务部，包含 Wangwu 和 Zhaoliu（任务 5.2 中已创建）
域安全策略	在销售部员工登录域后自动在登录计算机的桌面上创建快捷方式
	禁止财务部员工访问注册表

任务实施

1. 以域账户登录时自动在桌面上创建快捷方式

步骤 1：在"服务器管理器"窗口中，选择"工具"→"组策略管理"命令，或在"运行"对话框中输入并运行 gpmc.msc 命令，打开"组策略管理"窗口，选择"组策略管理"→"林：meiteng.cn"→"域"→"meiteng.cn"选项，右击"销售部"选项，在弹出的快捷菜单中选择"在这个域中创建 GPO 并在此处链接"命令，如图 5.3.1 所示。

步骤 2：在"新建 GPO"对话框中输入名称"销售部组策略"，单击"确定"按钮，如图 5.3.2 所示。

图 5.3.1　新建销售部对应的 GPO

图 5.3.2　输入名称

步骤 3：右击"销售部组策略"选项，在弹出的快捷菜单中选择"编辑"命令，编辑 GPO，如图 5.3.3 所示。

步骤 4：在"组策略管理编辑器"窗口中，选择"用户配置"→"首选项"→"Windows 设置"→"快捷方式"选项，在空白处右击，在弹出的快捷菜单中选择"新建"→"快捷方式"命令，新建快捷方式，如图 5.3.4 所示。

步骤 5：在"新建快捷方式属性"对话框中，输入名称"www.meiteng.cn"，选择"目标类型"为"URL"，"位置"为"桌面"，"目标路径"为"https://www.meiteng.cn"，单击

"确定"按钮，如图 5.3.5 所示。

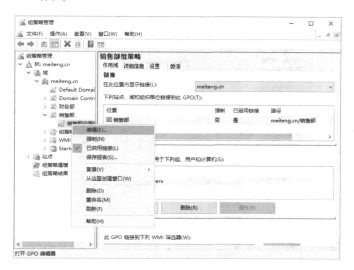

图 5.3.3　编辑 GPO

图 5.3.4　新建快捷方式

图 5.3.5　编辑快捷方式属性

2. 阻止特定组织单位的用户账户访问注册表编辑工具

步骤 1：在"组策略管理"窗口中，创建"财务部"的 GPO"财务部组策略"。

步骤 2：右击"财务部组策略"选项，在弹出的快捷菜单中选择"编辑"命令。

步骤 3：在"组策略管理编辑器"窗口中，选择"用户配置"→"策略"→"管理模板从本地计算机中检索的策略定义（ADMX 文件）"→"系统"选项，在右侧右击"阻止访问注册表编辑工具"选项，在弹出的快捷菜单中选择"编辑"命令，如图 5.3.6 所示。

步骤 4：在"阻止访问注册表编辑工具"窗口中，选中"已启用"单选按钮，单击"确定"按钮，启用此策略设置，如图 5.3.7 所示。

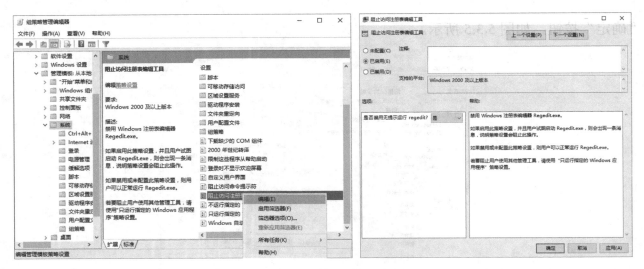

图 5.3.6 选择"编辑"命令　　　　　　　　　图 5.3.7 启用此策略设置

步骤 5：返回"组策略管理编辑器"窗口，可以看到"阻止访问注册表编辑工具"选项的状态已变为"已启用"，如图 5.3.8 所示。

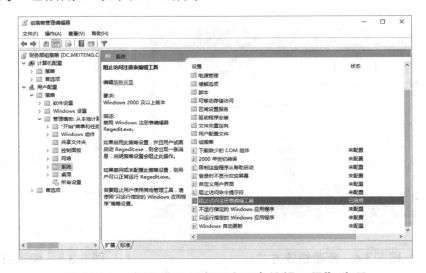

图 5.3.8 启用"阻止访问注册表编辑工具"选项

3. 更新组策略

在命令提示符窗口中输入并运行 gpupdate/force 命令，更新组策略，如图 5.3.9 所示。

图 5.3.9 更新组策略

4. 在成员计算机上验证组策略的效果

1）使用销售部员工账户登录，验证自动创建快捷方式策略

使用 Zhangsan@meiteng.cn 登录销售部装有 Windows 10 的计算机 client，可以看到桌面上已显示通过策略配置自动创建的快捷方式，如图 5.3.10 所示。

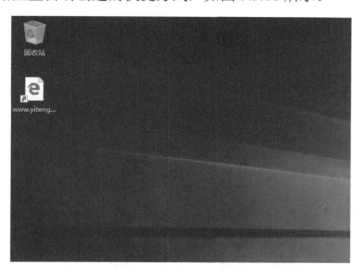

图 5.3.10　桌面上已显示快捷方式

2）使用财务部员工账户登录，验证阻止访问注册表编辑工具策略

步骤 1：使用 Wangwu@meiteng.cn 登录销售部装有 Windows 10 的计算机 pc2，使用 gpupdate/force 命令，立即更新组策略。

步骤 2：在"运行"对话框中，输入并运行 regedit 命令，在打开的"注册表编辑器"对话框中，显示"注册表编辑已被管理员禁用。"的提示，如图 5.3.11 所示。

图 5.3.11　"注册表编辑器"对话框

🔧 知识链接

1. 组策略

组策略就是对组的策略限制，用来限制指定组中的用户账户对系统设置的更改或资源的使用，介于控制面板和注册表中间的一种设置方式，这些设置最终保存在注册表中。

2. 组策略对象

组策略对象（GPO）是定义了各种策略的设置集合，是 Active Directory 中的重要管理方式，可以管理用户账户和计算机对象。一般需要为不同组织单位设置不同的 GPO，组织单位等容器可以链接（可以理解为调用，在容器中显示时会标记为快捷方式）多个 GPO，一个 GPO 也可以被不同的容器链接。

3. 组策略继承

组策略继承指子容器将从父容器中继承策略设置。例如，如果本任务中的组织单位"财务部"没有单独设置策略，那么它所包含的用户账户或计算机会继承全域的安全策略，即会执行默认域策略的设置。

4. 组策略执行顺序

组策略执行顺序指多个组策略叠加在一起时的执行顺序。当子容器有自己单独的 GPO 时，策略执行累加。例如，当"财务部"策略为"已启动"，继承的组策略是"未定义"时，最终策略执行"已启动"。当策略发生冲突时，以子容器策略为准。例如，当某个组织单位中设置某个策略为"已启动"，继承的组策略是"已禁用"时，最终策略执行"已启动"。执行的先后顺序为组织单位、域控制器、域、站点、（域内计算机的）本地安全策略。

任务小结

（1）配置完成的密码策略需要应用于整个域的策略设置，可以通过修改 Default Domain Policy 完成。

（2）刷新组策略需要一定的时间，若需要立即刷新组策略，则可以在域控制器和域成员计算机的命令提示符窗口中运行 gpupdate/force 命令。

任务拓展

在财务部的组织单位中建立并定义组策略，禁止员工使用可移动存储设备。

► 练习题

一、选择题

1. 通过下面哪种方法可以在服务器上安装 Active Directory？（   ）

    A. 管理工具/配置服务器   B. 管理工具/计算机管理

    C. 管理工具/文件服务器   D. 以上都不是

2．在下列策略中，（　　）只属于计算机安全策略。

    A．软件设置策略　　　　　　　　　B．密码策略

    C．文件夹重定向　　　　　　　　　D．软件限制

3．为加强公司域的安全性，需要设置域安全策略。下面与密码策略不相关的是（　　）。

    A．密码长度最小值　　　　　　　　B．账户锁定时间

    C．密码必须符合复杂性要求　　　　D．密码最长使用期限

4．以下关于 Windows Server 2016 的域管理模式的描述中，正确的是（　　）。

    A．域之间的信任关系只能是单向信任

    B．只有一台主域控制器，其他都为辅助域控制器

    C．每台域控制器都可以改变目录信息，并把变化的信息复制到其他域控制器上

    D．只有一台域控制器可以改变目录信息

5．Active Directory 是由组织单元、域、（　　）和域林构成的层次结构。

    A．超域　　　　　　B．域树　　　　　　C．团体　　　　　　D．域控制器

6．安装 Active Directory 要求分区的文件系统为（　　）。

    A．FAT16　　　　　B．FAT32　　　　　C．EXT2　　　　　D．NTFS

二、实训题

    某公司网络中有约 200 台计算机和 200 个员工，公司有 5 个部门，分别为销售部、财务部、技术部、人力资源部、后勤部，现需要集中管理计算机和用户账户，以及相关的网络资源，需要建立域环境，域名为 tiantain.cn。请完成以下要求。

    1．为服务器配置 TCP/IP 参数。

    2．将服务器名设置为 dctt，安装 Active Directory，并将其升级为域控制器。

    3．将客户端加入域。

    4．为员工创建域用户账户，根据部门创建组织单位和域组，将各个部门账户加入相应的组。

    5．配置域组策略，设置财务部用户登录时显示的信息标题和相关文字。

    6．配置域组策略，实现所有人力资源部的用户登录域后自动去除计算机的上下文菜单中的属性。

項目 6

配置与管理 DHCP 服务器

项目描述

某公司是一家电子商务运营公司，随着公司计算机使用需求的逐步增大，为员工的计算机手动配置 IP 地址耗费了小彭大量精力，且小彭稍不注意就会造成 IP 地址配置错误，进而影响正常办公。此外，很难为不同类型操作系统的移动设备手动配置 IP 地址。因此，在公司的内网中实施动态 IP 地址分配方案已势在必行。

基于上述需求，管理部门决定，在公司内部架设一台 DHCP 服务器，为公司内部的计算机动态分配 IP 地址，以减少手动分配 IP 地址的烦琐。Windows Server 2016 提供的 DHCP 服务，可以很好地解决 IP 地址的动态分配需求，为员工简便、快捷地访问网络提供支持。

本项目主要介绍 Windows Server 2016 的 DHCP 服务器的安装、配置与管理的方法，以及配置 DHCP 故障转移等。项目拓扑结构如图 6.0.1 所示。

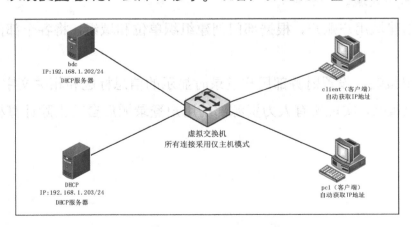

图 6.0.1 项目拓扑结构

知 识 目 标

1. 了解 TCP/IP 网络中 IP 地址的分配方式。

2. 了解 DHCP 的基本功能和应用场景。

3. 了解 DHCP 服务的基本原理及工作过程。

4. 了解 DHCP 故障转移中伙伴服务器的概念。

能 力 目 标

1. 能够安装 DHCP 服务器。

2. 能够建立 DHCP 作用域，实现 IP 地址自动分配。

3. 能够在客户端上完成 DHCP 服务器的测试。

4. 能够按需管理 DHCP 服务器，为客户端保留 IP 地址。

5. 能够配置 DHCP 服务器的故障转移。

思 政 目 标

1. 树立节约意识，合理分配 IP 地址等网络资源。

2. 增强服务意识，为便捷使用网络提供支持。

3. 增强信息系统安全意识，能够主动提高网络服务的可靠性。

任务 6.1 ▶ 安装与配置 DHCP 服务器

任务描述

在公司内部已有正在使用的服务器，现小彭要在现有的服务器上硬件部署 DHCP 服务器，实现 IP 地址的动态分配。

任务要求

在装有 Windows Server 2016 的服务器上安装 DHCP 服务器，并建立作用域，设置 IP

地址范围、租用期限、路由器（默认网关）、DNS 服务器等 DHCP 选项，实现公司内部网络 IP 地址的动态分配。DHCP 关键设置项如表 6.1.1 所示。

表 6.1.1　DHCP 关键设置项

DHCP 设置项	公司现有网络情况	计划设置方案
IP 地址范围	内网网段为 192.168.1.0/24	起始 IP 地址：192.168.1.1 结束 IP 地址：192.168.1.253
作用域名称	无	meiteng 办公网络
排除	路由器内网接口（网关）IP 地址为 192.168.1.254 服务器使用的 IP 地址范围为 192.168.1.201 至 192.168.1.209	排除服务器使用的 IP 地址范围：192.168.1.201 至 192.168.1.209 排除默认网关，其 IP 地址已在 IP 地址范围外，此处无须排除
租用期限	无	30 天
路由器（默认网关）	路由器内网接口（网关）的 IP 地址为 192.168.1.254	192.168.1.254
DNS 服务器	公司现有的 DNS 服务器的 IP 地址为 192.168.1.201、192.168.1.202	192.168.1.201、192.168.1.202

任务实施

1. 安装 DHCP 服务器

本任务在额外域控制器 bdc 上安装与配置 DHCP 服务器。

步骤 1：打开"服务器管理器"窗口，依次选择"仪表板"→"快速启动"→"添加角色和功能"命令。

步骤 2：打开"添加角色和功能向导"窗口，在"开始之前"界面中，单击"下一步"按钮。

步骤 3：在"选择安装类型"界面中，选中"基于角色或基于功能的安装"单选按钮，单击"下一步"按钮。

步骤 4：在"选择目标服务器"界面中，选中"从服务器池中选择服务器"单选按钮，选择本任务使用的服务器"bdc"，单击"下一步"按钮。

步骤 5：在"选择服务器角色"界面中，勾选"DHCP 服务器"复选框，在弹出的"添加 DHCP 服务器所需的功能"界面中，单击"添加功能"按钮，返回"选择服务器角色"

界面，确认"DHCP 服务器"复选框处于已勾选状态，单击"下一步"按钮，如图 6.1.1
所示。

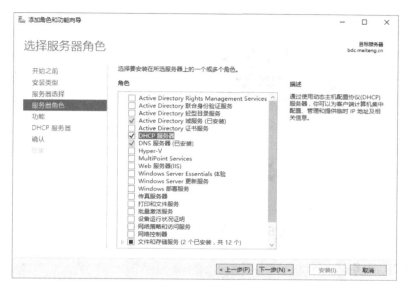

图 6.1.1　选择服务器角色

步骤 6：在"选择功能"界面中，保持默认设置，单击"下一步"按钮。

步骤 7：在"DHCP 服务器"界面中，保持默认设置，单击"下一步"按钮。

步骤 8：在"确认安装所选内容"界面中，单击"安装"按钮，进行安装，如图 6.1.2
所示。

图 6.1.2　确认安装所选内容

步骤 9：安装成功后，在"安装进度"界面中，单击"关闭"按钮，如图 6.1.3 所示。

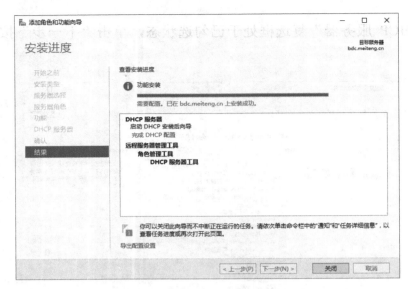

图 6.1.3　单击"关闭"按钮

2. 授权 DHCP 服务器

在基于 Active Directory 的网络环境中，为了防止非法 DHCP 服务器运行可能造成的 IP 地址混乱，提高 DHCP 使用的安全性，必须使用管理员身份对合法的 DHCP 服务器进行授权，未获得授权的 DHCP 服务器将无法提供服务。而在基于工作组的网络环境中，则不需要对 DHCP 服务器进行授权。

步骤 1：在"服务器管理器"窗口中，单击感叹号图标，在弹出的对话框中单击"完成 DHCP 配置"链接，如图 6.1.4 所示。

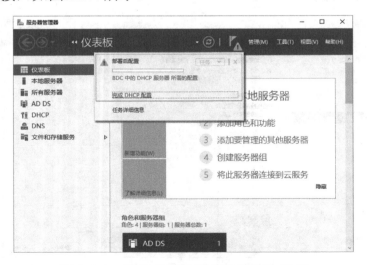

图 6.1.4　单击"完成 DHCP 配置"链接

步骤 2：打开"DHCP 安装后配置向导"窗口，在"描述"界面中，单击"下一步"按钮，如图 6.1.5 所示。

图 6.1.5　"描述"界面

步骤 3：在"授权"界面中，输入能够为 DHCP 服务器提供授权的凭据，如果是域成员服务器则使用域管理员或 DHCP 用户作为凭据；如果 DHCP 服务器位于域控制器上，则使用默认的"使用以下用户凭据"，单击"提交"按钮，如图 6.1.6 所示。

图 6.1.6　"授权"界面

步骤 4：在"摘要"界面中，单击"关闭"按钮，完成 DHCP 授权，如图 6.1.7 所示。

3. 配置 DHCP 服务器

步骤 1：在"服务器管理器"窗口中，选择"工具"→"DHCP"命令。

步骤 2：在"DHCP"窗口中，选择"DHCP"→"bdc.meiteng.cn"选项，右击"IPv4"选项，在弹出的快捷菜单中选择"新建作用域"命令，如图 6.1.8 所示。

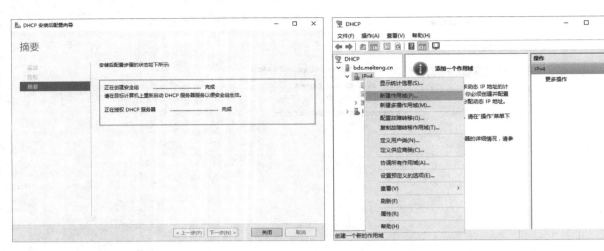

图 6.1.7　完成 DHCP 授权　　　　　　　图 6.1.8　"DHCP"窗口

小贴士：

　　DHCP 作用域，是 DHCP 服务器提供 IP 地址、子网掩码、默认网关的 IP 地址、DNS 服务器的 IP 地址等信息的逻辑分组。在一般的应用场景中，需要为每个广播域建立一个作用域。

　　步骤 3：打开"新建作用域向导"对话框，在"欢迎使用新建作用域向导"界面中，单击"下一步"按钮，如图 6.1.9 所示。

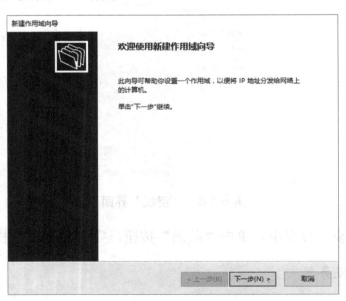

图 6.1.9　"欢迎使用新建作用域向导"界面

　　步骤 4：在"作用域名称"界面中，输入作用域的名称，本任务使用"meiteng 办公网络"，单击"下一步"按钮，如图 6.1.10 所示。

步骤 5：在"IP 地址范围"界面中，输入起始 IP 地址"192.168.1.1"，由于公司现有网络中网关的 IP 地址为 192.168.1.254，不能通过 DHCP 分配给客户端，因此输入结束 IP 地址"192.168.1.253"，设置"长度"为 24（或直接设置"子网掩码"为"255.255.255.0"），单击"下一步"按钮，如图 6.1.11 所示。

图 6.1.10　输入作用域的名称

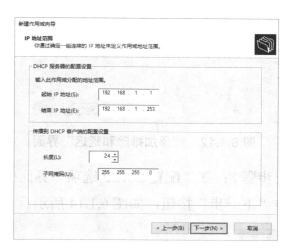

图 6.1.11　设置 IP 地址范围

　　DHCP 中的 IP 地址范围，指以起始和结束 IP 地址定义的范围区间。此处的 IP 地址范围与可分配 IP 地址范围有所不同，能够分配给客户端使用的 IP 地址一般被称为地址池，指 IP 地址范围中去掉后续步骤中排除 IP 地址所剩余的 IP 地址。

　　步骤 6：在"添加排除和延迟"界面中，输入要排除的 IP 地址范围，由于公司现有服务器使用 192.168.1.201 到 192.168.209 这 9 个固定的 IP 地址，因此在"起始 IP 地址"和"结束 IP 地址"文本框中分别输入"192.168.1.201"和"192.168.1.209"，单击"添加"按钮，这些地址将显示在"排除的地址范围"列表框中，单击"下一步"按钮，如图 6.1.12 所示。

　　步骤 7：在"租用期限"界面中，设置 IP 地址所能租用的最长时间，此处设置为 30 天，单击"下一步"按钮，如图 6.1.13 所示。

　　租用期限，指客户端能够使用自动获得来的 IP 地址的时间。在一个以有线网络为主的环境中，可以使用默认的租用期限，而如果网络中存在手机、平板电脑等可移动设备，则可以设置租用期限为 1 天。

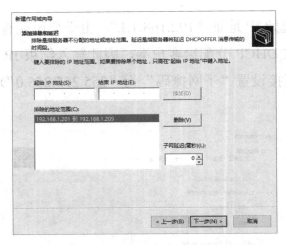
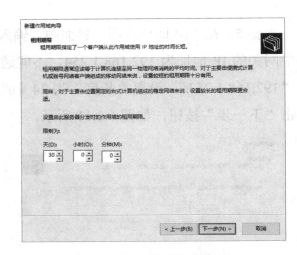

| 图 6.1.12   "添加排除和延迟"界面 | 图 6.1.13   设置租用期限 |

步骤 8：在"配置 DHCP 选项"界面中，使用默认的"是，我想现在配置这些选项"，
单击"下一步"按钮，如图 6.1.14 所示。

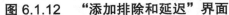

小贴士：

　　DHCP 选项，指 DHCP 服务器在分配 IP 地址时可以包含的其他信息，包括默认网
关、DNS 服务器的 IP 地址等。作用域选项只对所在的单个作用域生效，而服务器选
项则对所有作用域生效。对于某一个作用域而言，若作用域选项与服务器选项的设置
不同，则以作用域选项的设置为准。

步骤 9：在"路由器（默认网关）"界面中，输入公司内网网关的 IP 地址"192.168.1.254"，
单击"添加"按钮，确保上述地址显示在"IP 地址"文本框下方的列表框内，单击"下一
步"按钮，如图 6.1.15 所示。

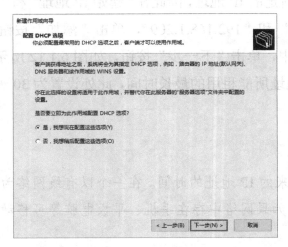

| 图 6.1.14   配置 DHCP 选项 | 图 6.1.15   设置路由器（默认网关）的 IP 地址 |

步骤 10：在"域名称和 DNS 服务器"界面中，输入公司已有的父域"meiteng.cn"，在"IP 地址"文本框中输入公司现有的两台 DNS 服务器的 IP 地址"192.168.1.201"和"192.168.1.202"，本任务的 DHCP 服务器安装在额外域控制器 bdc 上。由于此服务器上已经配置了 DNS 服务，因此 192.168.1.201 和 192.168.1.202 会自动填入，单击"下一步"按钮，如图 6.1.16 所示。

小贴士：

在此步骤中，若输入 DNS 服务器的 IP 地址处与当前 DHCP 服务器无法连通，或 DNS 服务器上暂未配置 DNS 服务，则系统会弹出"不是有效的 DNS 地址"的相关提示，在确保输入无误的情况下可以单击"是"按钮跳过提示。

步骤 11：在"WINS 服务器"界面中，单击"下一步"按钮，如图 6.1.17 所示。

图 6.1.16 输入父域和 DNS 服务器的 IP 地址　　图 6.1.17 单击"下一步"按钮

步骤 12：在"激活作用域"界面中，使用默认的"是，我想现在激活此作用域"，单击"下一步"按钮，如图 6.1.18 所示。

步骤 13：在"正在完成新建作用域向导"界面中，单击"完成"按钮，完成 DHCP 服务器的主要配置，如图 6.1.19 所示。

步骤 14：返回"DHCP"窗口，可以查看上述步骤中创建的 DHCP 作用域，如图 6.1.20 所示。

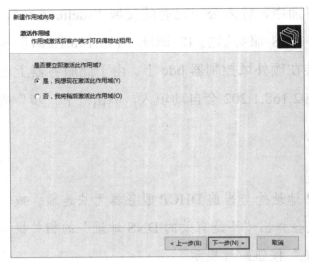

图 6.1.18　激活作用域

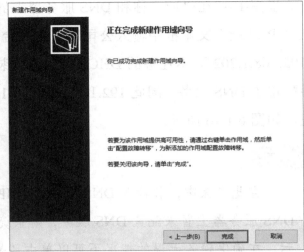

图 6.1.19　新建作用域向导的完成提示

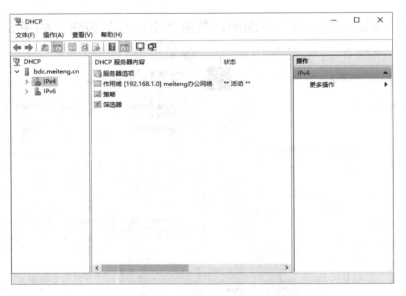

图 6.1.20　查看 DHCP 作用域

4. 配置 DHCP 客户端

步骤 1：本任务以计算机 client 作为 DHCP 客户端。在 DHCP 客户端的"Internet 协议版本 4（TCP/IPv4）属性"对话框中，分别选中"自动获得 IP 地址"和"自动获得 DNS 服务器地址"单选按钮，单击"确定"按钮，如图 6.1.21 所示。

步骤 2：再次检查此网络适配器的网络连接详细信息，可以看到此计算机已经获得了由 IP 地址为 192.168.1.202 的 DHCP 服务器分配的 IP 地址 192.168.1.1，如图 6.1.22 所示。当然，也可以在客户端的命令提示符窗口中运行 ipconfig/all 命令进行查看，如图 6.1.23 所示。

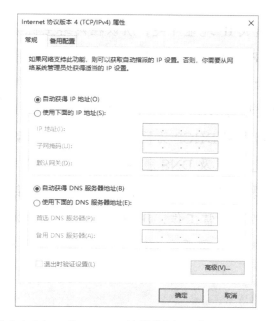 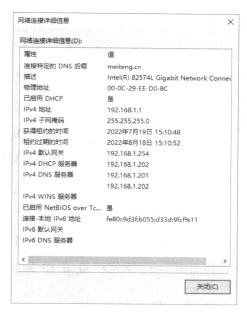

图 6.1.21　"Internet 协议版本 4（TCP/IPv4）　图 6.1.22　查看 DHCP 客户端的 IP 地址获得情况
　　　　　　属性"对话框

图 6.1.23　查看 DHCP 客户端的 IP 地址获得情况

知识链接

1. 何时使用 DHCP 服务

在 TCP/IP 网络中，每一台主机的 IP 地址与相关配置均可以采用两种方式获得，即手动设置和动态获取。手动设置也称静态 IP 地址、固定 IP 等，即由网络管理员或用户直接在网络设备的接口等设置选项中输入 IP 地址及子网掩码等，适合具备一定计算机网络基础的用户使用，但因为这种方法容易因输入错误而造成 IP 地址冲突，所以在网络主机数目较少的情况下，可以手动为网络中的主机分配静态 IP 地址，但有时工作量很大，这就需要使用动态获取的方式。在动态获取的方式中，每台计算机并不设定固定的 IP 地址，而是在计算机开机时才会被分配一个 IP 地址，这台计算机被称为 DHCP 客户端。在网络中提供 DHCP 服务的计算机被称为 DHCP 服务器。DHCP 服务器利用 DHCP 为网络中的主机分配动态 IP 地址，并提供子网掩码、默认网关、路由器 IP 地址，以及 DNS 服务器的 IP 地址等。

使用动态获取的方式可以减少管理员的工作量，减少手动用户输入可能产生的错误，适合计算机数量较多的网络环境。只要 DHCP 服务器正常工作，IP 地址就不会发生冲突。在大批量地更改计算机的所在子网或其他 IP 参数时，只需要在 DHCP 服务器上进行即可，管理员不必为每一台计算机设置 IP 地址等参数。

2. DHCP 地址分配类型

DHCP 允许 3 种类型的地址分配。

（1）自动分配。当 DHCP 客户端第一次成功地从 DHCP 服务器上租用到 IP 地址之后，就永远使用这个地址。

（2）动态分配。当 DHCP 客户端第一次从 DHCP 服务器上租用到 IP 地址之后，并非永久地使用该地址，只要租约到期，DHCP 客户端就得释放这个 IP 地址，让给其他工作站使用。当然，DHCP 客户端可以比其他主机更优先地更新租约，或租用其他 IP 地址。

（3）手动分配。DHCP 客户端的 IP 地址是由管理员指定的，DHCP 服务器只是把指定的 IP 地址告诉 DHCP 客户端。

3. 使 DHCP 服务为 DHCP 客户端动态分配 IP 地址的必要条件

若 DHCP 服务器能够为 DHCP 客户端动态分配 IP 地址，则必须具备以下条件。

（1）有固定的 IP 地址。

（2）安装并启动 DHCP 服务。

（3）正确地配置 DHCP 作用域信息。

（4）能够接收 DHCP 客户端的 DHCP 请求，即 DHCP 服务器与 DHCP 客户端位于同一广播域或在网络中已经配置了 DHCP 中继代理操作。

4. DHCP 基本概念及应用场景

DHCP 是一种简化 IP 地址管理的协议，用来为网络中的计算机等设备自动分配 IP 地址等信息。相比手动设置 IP 地址，DHCP 具有多方面的优势，能够减少因手动设置 IP 地址而出现的错误及 IP 地址冲突，能够提高 IP 地址的使用效率和管理员的工作效率，能够在网段 IP 地址发生变动时快速调整客户端的 IP 地址设置。

DHCP 采用 C/S 架构，DHCP 服务器使用 67 号端口及 UDP 监听客户端的 IP 地址请求并回复信息，分配的 IP 地址信息包括 IP 地址、子网掩码、默认网关、DNS 服务器的 IP 地址等。DHCP 应用范围广泛，在校园网、办公网及共同区域的网络中均有大规模的应用。

5. DHCP 基本原理及主要工作过程

在 DHCP 的工作过程中，DHCP 客户端与 DHCP 服务器主要以广播数据包的形式进行通信，发送数据包的目的地址为 255.255.255.255。DHCP 的主要工作过程如图 6.1.24 所示。

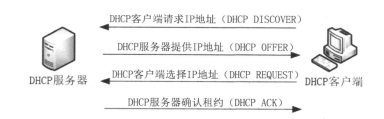

图 6.1.24　DHCP 的主要工作过程

（1）DHCP DISCOVER：IP 地址租用申请。

DHCP 客户端发送 DHCP DISCOVER 广播包，目的端口为 67 号端口，该广播包中包含 DHCP 客户端的硬件地址（MAC 地址）和计算机名。

（2）DHCP OFFER：IP 地址租用提供。

DHCP 服务器在收到 DHCP 客户端请求后，DHCP 会从地址池中拿出一个未分配的 IP 地址，通过 DHCP OFFER 广播包告知 DHCP 客户端。如果有多台 DHCP 服务器，则 DHCP 客户端会使用第一个收到的 DHCP OFFER 广播包中的 IP 地址信息。

（3）DHCP REQUEST：IP 地址租用选择。

DHCP 客户端在收到 DHCP 服务器发来的 IP 地址后，会发送 DHCP REQUEST 广播包，以告知网络中的 DHCP 服务器要使用的 IP 地址。

（4）DHCP ACK：IP 地址租用确认。

被选中的 DHCP 服务器会回应一个 DHCP ACK 广播包，以将这个 IP 地址分配给这个 DHCP 客户端使用。

除上述 4 个主要步骤外，DHCP 的工作过程还会涉及 DHCP 客户端的重新登录，以及更新 IP 地址租用信息。

DHCP 客户端在重新登录网络时，会直接发送包含前一次获得 IP 地址的 DHCP

REQUEST 广播包，该广播包的源 IP 地址为 0.0.0.0，目标 IP 地址为前一次为 DHCP 客户端分配 IP 地址的 DHCP 服务器的 IP 地址。当 DHCP 服务器收到消息后，发送 DHCP ACK 单播包允许 DHCP 客户端继续使用原来分配的 IP 地址，若已无法再为 DHCP 客户端分配原来的 IP 地址，则发送 DHCP NACK 单播包告知客户端，后者将发送 DHCP DISCOVER 广播包重新请求新的 IP 地址。

当租用期限到达 50% 后，DHCP 客户端就要向 DHCP 服务器以单播的方式发送 DHCP REQUEST 广播包，以便更新 IP 地址租用信息。当客户端收到 DHCP ACK 单播包时，会更新租用期限及其他选项参数。当 DHCP 客户端无法收到 DHCP ACK 单播包时，继续使用现有的 IP 地址，直到租用期限到达 87.5% 后再次发送 DHCP REQUEST 广播包，若依然没有得到回复，则发送 DHCP DISCOVER 广播包重新请求新的 IP 地址。

6. DHCP 授权

DHCP 授权是 Active Directory 域环境中防止非法运行 DHCP 服务器的一种安全机制，未经授权的 DHCP 服务器将无法启动。在一个均为独立服务器的子网环境中，DHCP 服务器无须授权，直接启动服务即可。若在 Active Directory 域环境所在的子网中，有一台独立服务器承担着 DHCP 服务器的角色，则 DHCP 服务器的 DHCP 服务在启动时，会发送 DHCP INFORM 广播包查询已被授权的 DHCP 服务器，后者会发送 DHCP ACK 单播包告知独立服务器，说明网络中已存在已经授权的 DHCP 服务器（域成员），此时独立服务器的 DHCP 服务就不会启动。而当独立服务器没有检测到已经授权的 DHCP 服务器时，则可以启动 DHCP 服务。

▌ 任务小结

（1）在 Windows Server 中配置 DHCP 的通用步骤为：先安装 DHCP 服务器角色，如果 DHCP 服务器在 Active Directory 中需要进行授权，那么创建 DHCP 作用域，根据需要设置作用域的名称、IP 地址范围、排除、租用期限、路由器（默认网关）的 IP 地址、DNS 服务器的 IP 地址等。

（2）若 DHCP 客户端使用 DHCP 自动获得 IP 地址，则必须保证 DHCP 客户端能够和 DHCP 服务器连通，这样才能获得 IP 地址。

▌ 任务拓展

（1）对 DHCP 数据库进行备份，以便在数据库有问题时使用它来修复。
（2）使用备份的 DHCP 数据库，将 DHCP 数据库进行还原。

任务 6.2 ▶ 为指定计算机保留 IP 地址

任务描述

公司总经理希望在每次启动计算机时获得相同的 IP 地址，小彭曾尝试使用固定的 IP 地址，但有时总经理出差回来后，其计算机原来获得的 IP 地址会被 DHCP 服务器分配出去。小彭决定使用 DHCP 中的保留功能，将总经理计算机网络适配器的 MAC 地址与一个 IP 地址进行绑定，这样 DHCP 服务器就只会将这个 IP 地址分配给对应 MAC 地址的计算机。

任务要求

小彭在额外域控制器 bdc 上已经配置好了 DHCP 服务，现需要实现公司总经理的计算机保留特定的 IP 地址功能。保留特定的 IP 地址设置项如表 6.2.1 所示。

表 6.2.1　保留特定的 IP 地址设置项

设　置　项	计划设置方案
保留名称	经理办公室
MAC 地址	00-0C-29-EE-D0-8C
IP 地址	192.168.1.222/24
描述	总经理计算机

任务实施

1. 配置 DHCP 保留

步骤 1：本任务以计算机 client 保留 IP 地址为例，使用 ipconfig/all 命令查看其 MAC 地址（也称物理地址），如图 6.2.1 所示。

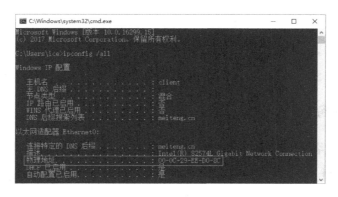

图 6.2.1　查询物理地址

步骤 2：在额外域控制器 bdc 的 "DHCP" 窗口中，右击 "保留" 选项，在弹出的快捷菜单中选择 "新建保留" 命令，如图 6.2.2 所示。

步骤 3：在 "新建保留" 对话框中的 "保留名称" 文本框中输入便于识别的名称，此处输入 "经理办公室"，并输入要为其保留的 IP 地址、MAC 地址和描述，单击 "添加" 按钮，如图 6.2.3 所示。

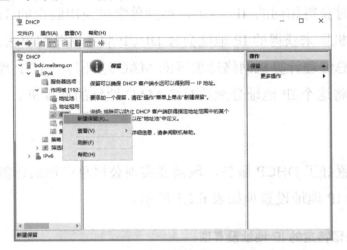

图 6.2.2 选择 "新建保留" 命令

图 6.2.3 为保留客户端输入信息

步骤 4：返回 "DHCP" 窗口，在右侧可以查看已设置的保留选项，如图 6.2.4 所示。

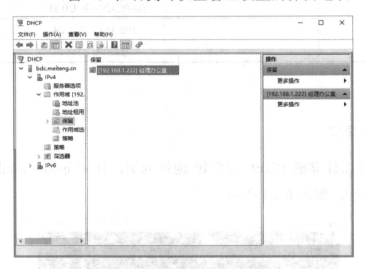

图 6.2.4 查看保留选项

2. 测试 DHCP 保留

步骤 1：在 DHCP 客户端的 "Internet 协议版本 4（TCP/IPv4）属性" 对话框中，分别选中 "自动获得 IP 地址" 和 "自动获得 DNS 服务器地址" 单选按钮。

步骤 2：在命令提示符窗口中，分别运行 ipconfig/release 和 ipconfig/renew 命令，即可查看此计算机已获得了 IP 地址 192.168.1.222，即在 DHCP 服务器中设置的保留 IP 地址，如图 6.2.5 和图 6.2.6 所示。

图 6.2.5 在命令提示符窗口中释放并重新获得 IP 地址　　图 6.2.6 查看 IP 地址详细信息

 知识链接

DHCP 保留指 DHCP 服务器为某个 DHCP 客户端始终分配一个无租约期限的 IP 地址。例如，如果软件或系统测试环境中需要多次为 DHCP 客户端重新安装操作系统，那么使用 DHCP 保留就能够确保 DHCP 客户端自动获得的 IP 地址始终为同一个 IP 地址。其操作方法是在作用域中新建保留选项，绑定客户端的 MAC 地址与要分配的 IP 地址。

在 DHCP 客户端的命令提示符窗口中分别运行 ipconfig/release、ipconfig/renew 和 ipconfig/all 命令，即可查看此计算机获得的 IP 地址，即在 DHCP 服务器中设置的保留 IP 地址。ipconfig 命令及作用如表 6.2.2 所示。

表 6.2.2　ipconfig 命令及作用

命　　令	作　　用
ipconfig /release	释放当前 IP 地址
ipconfig /renew	重新向 DHCP 服务器租用 IP 地址
ipconfig /all	查看本机 IP 地址的详细信息

任务小结

（1）DHCP 保留就是将某个 IP 地址和需要固定 IP 地址的计算机的 MAC 地址进行绑定。

（2）DHCP 客户端在向 DHCP 服务器租用 IP 地址或更新租约时，DHCP 服务器都会将相同的 IP 地址租用给此 DHCP 客户端。

（1）查看 DHCP 服务器和作用域的统计信息。

（2）更改 DHCP 服务器日志文件的存储位置。

任务 6.3 ▶ 配置 DHCP 故障转移

任务描述

随着公司规模的扩大，用网人数的增加，公司主 DHCP 服务器负荷过重，为防止出现单点故障，小彭想通过增加一台 DHCP 服务器实现 DHCP 的负载平衡和冗余备份，这样即使其中一台 DHCP 服务器出现故障或需要进行维护，另一台 DHCP 服务器也可以继续工作。

任务要求

DHCP 故障转移是 Windows Server 2016 中有关 DHCP 服务器的一种容错机制，当一台 DHCP 服务器遇到故障不能正常工作时，另一台 DHCP 服务器可以继续提供工作，为 DHCP 客户端分配 IP 地址。DHCP 服务器中 IP 地址、角色及承担任务如表 6.3.1 所示。

表 6.3.1　DHCP 服务器中 IP 地址、角色及承担任务

主　机　名	IP 地址	角　　色	承　担　任　务
bdc	192.168.1.202	DHCP 服务器 1	本地服务器，承担 50%IP 地址的分配任务
dc	192.168.1.201	DHCP 服务器 2	伙伴服务器，承担 50%IP 地址的分配任务

任务实施

1．在伙伴服务器上安装并授权 DHCP 服务器

本任务使用 dc 作为第二台 DHCP 服务器，即作为第一台 DHCP 服务器 bdc 的伙伴服务器。需要在 dc 服务器上添加 DHCP 服务器角色，并在 DHCP 配置向导或 DHCP 管理器中完成授权，以确保服务能够正常运行。

2．以 bdc 为本地服务器配置故障转移

步骤 1：在本地服务器 bdc 的"DHCP"窗口中，右击"IPv4"选项，在弹出的快捷菜单中选择"配置故障转移"命令，如图 6.3.1 所示。

步骤 2：在"配置故障转移"对话框的"DHCP 故障转移简介"界面中，选择需要配置

DHCP 故障转移的作用域，此处的"可用作用域"默认为"全选"，单击"下一步"按钮，如图 6.3.2 所示。

图 6.3.1 选择"配置故障转移"命令　　图 6.3.2 选择配置 DHCP 故障转移的作用域

步骤 3：在"指定要用于故障转移的伙伴服务器"界面中，输入伙伴服务器的主机名或 IP 地址，也可以单击"添加服务器"按钮，在 meiteng.cn 域中通过浏览的方式选择"dc.meiteng.cn"，单击"下一步"按钮，如图 6.3.3 所示。

步骤 4：在"新建故障转移关系"界面中，可以看到关系名称，此处无须修改，故障转移模式使用默认的"负载平衡"，选中"启用消息验证"复选框，输入共享机密（DHCP 服务器之间相互验证的密码），单击"下一步"按钮，如图 6.3.4 所示。

图 6.3.3 指定要用于故障转移的伙伴服务器　　图 6.3.4 新建故障转移关系

步骤 5：在故障转移汇总信息界面中，单击"完成"按钮，如图 6.3.5 所示。

步骤 6：在"故障转移配置的进度"界面中，单击"关闭"按钮，如图 6.3.6 所示。

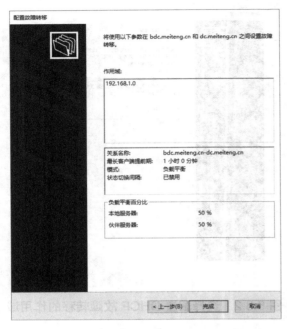

图 6.3.5　故障转移汇总信息界面

图 6.3.6　"故障转移配置的进度"界面

3. 在伙伴服务器 dc 上查看 DHCP 服务器配置信息

步骤 1：在伙伴服务器 dc 的"DHCP"窗口中，右击"IPv4"选项，在弹出的快捷菜单中选择"属性"命令，如图 6.3.7 所示。

步骤 2：在"IPv4 属性"对话框的"故障转移"选项卡中，可以看到此 DHCP 服务器已经和本地服务器 bdc 建立了伙伴关系，如图 6.3.8 所示。

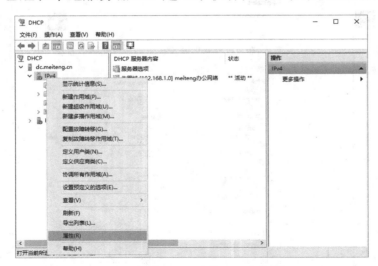

图 6.3.7　选择"属性"命令

图 6.3.8　查看 DHCP 故障转移的状态

4. 添加新的 DHCP 客户端

添加一台新的 DHCP 客户端，本任务以一台装有 Windows 10 且计算机名为 pc1 的计算机为例，在该 DHCP 客户端的"Internet 协议版本 4（TCP/IPv4）属性"对话框中分别选中"自动获得 IP 地址"和"自动获得 DNS 服务器地址"单选按钮，在"网络连接详细信息"对话框中可以看到该计算机获得的 IP 地址 192.168.1.1 是由 IP 地址为 192.168.1.201 的 DHCP 服务器分配的，而不是由 IP 地址为 192.168.1.202 的 DHCP 服务器分配的，如图 6.3.9 所示。

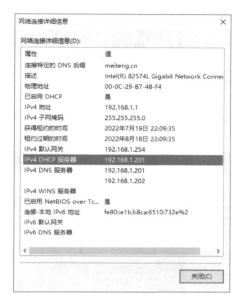

图 6.3.9　"网络连接详细信息"对话框

5. 在 DHCP 服务器上查看 IP 租用信息

在 DHCP 服务器 bdc 上，打开"DHCP"窗口，双击"地址租用"选项，在右侧可以查看地址租用信息，如图 6.3.10 所示。

图 6.3.10　查看地址租用信息

6. 查看单台 DHCP 服务器故障转移后的 IP 地址分配情况

步骤 1：将其中一台 DHCP 服务器 bdc 关闭，或停止 DHCP 服务。

步骤 2：在 DHCP 客户端 client 上，重新获得 IP 地址，即可看到该计算机仍然使用原来租用的 IP 地址 192.168.1.222，但 DHCP 服务器已由 192.168.202 变成了 192.168.1.201，如图 6.3.11 所示。

图 6.3.11　查看网络连接详细信息

知识链接

1. DHCP 故障转移伙伴关系中的负载平衡

在 DHCP 故障转移中，负载平衡指两台 DHCP 服务器分别分配管理地址池中 50%的地址，也可以根据服务器的可用资源情况修改负载平衡的百分比。受网络延迟等因素的影响，在开始租用 IP 地址一段时间后可能出现分配不均衡的情况，因此伙伴关系中的第一台服务器会以 5 分钟为时间间隔，检查两台 DHCP 服务器的 IP 地址的租用情况，自动调整百分比。

2. 伙伴关系中的热备用服务器

在 DHCP 故障转移中，热备用服务器指两台 DHCP 服务器中有一台处于活动状态，另一台处于待机状态，只有当活动状态的 DHCP 服务器停机或出现故障时，热备用服务器才会变为活动状态。在一般情况下，热备用服务器会保留 5%的 IP 地址，当活动服务器发生故障且热备用服务器尚未取得 DHCP 的管理权时，也可以将这些 IP 地址分配给 DHCP 客户端。

任务小结

（1）DHCP 故障转移可以在一定程度上解决 DHCP 服务器单点故障问题。为了保证网络安全，在开启 DHCP 故障转移时要设置"共享机密"选项。

（2）DHCP 故障转移中的角色是相对概念，如果 A、B 两台服务器是 DHCP 故障转移的伙伴关系，那么若在 A 上配置 DHCP 服务器，则 A 是本地服务器，B 是伙伴服务器；若在 B 上配置 DHCP 服务器，则 B 是本地服务器，A 是伙伴服务器。

（3）若 DHCP 故障转移关系或作用域信息同步失败，则可以重新启动 DHCP 服务或服务器。

任务拓展

查询 DHCP 服务器中 DHCP 选项的作用和配置方法，了解选项代码 003、006、015 和 044 的作用。

▶ 练习题

一、选择题

1. DHCP 的功能是（　　）。
   A．为用户自动进行注册　　　　　　B．为 WINS 提供路由
   C．为用户自动配置 IP 地址　　　　D．使 DNS 名称自动登录

2. DHCP 服务器不可以配置的信息是（　　）。
   A．WINS 服务器　　　　　　　　　B．DNS 服务器
   C．域名　　　　　　　　　　　　　D．计算机主机名

3. DHCP 客户端得到的 IP 地址的时间被称为（　　）。
   A．生存时间　　　　　　　　　　　B．租约期限
   C．周期　　　　　　　　　　　　　D．存活期

4. 下列哪个命令是用来显示网络适配器的 DHCP 类别信息的？（　　）
   A．ipconfig /all　　　　　　　　　B．ipconfig /release
   C．ipconfig /renew　　　　　　　　D．ipconfig /showclassid

5. 在使用 Windows Server 2016 的 DHCP 服务时，当客户端租约的使用时间超过租约的 50%时，客户端会向服务器发送（　　　）广播包，以更新现有的地址租约。

  A．DHCP DISCOVER   B．DHCP OFFER

  C．DHCP REQUEST   D．DHCP ACK

6. 如果需要为一台服务器设置固定的 IP 地址，那么可以在 DHCP 服务器上为其设置（　　　）。

  A．IP 作用域   B．IP 地址保留

  C．DHCP 中继代理   D．延长租期

7. DHCP 服务采用（　　　）的工作方式。

  A．单播   B．组播   C．广播   D．任意播

8. 若某台 DHCP 服务器的 IP 地址池范围为 192.36.96.101～192.36.96.150，则在该网段内某个 Windows 工作站启动后，自动获得的 IP 地址是 169.254.220.167，这是因为（　　　）。

  A．DHCP 服务器提供了保留的 IP 地址

  B．DHCP 服务器不工作

  C．DHCP 服务器设置的租约时间太长

  D．工作站接到了网段内其他 DHCP 服务器提供的 IP 地址

二、实训题

在某公司的局域网内计划使用 DHCP 服务器为计算机分配 IP 地址，局域网使用 172.16.1.0/24 网段，服务器的 IP 地址为 172.16.1.100，作用域名称为 dhcpserv，IP 地址范围为 172.16.1.101～172.16.1.200，网关的 IP 地址为 172.16.1.254，DNS 服务器的 IP 地址为 202.96.128.166，根据需求，排除作用域内 172.16.1.150～172.16.1.170 的 IP 地址范围，请完成以下要求。

1. 添加 DHCP 服务器角色。

2. 配置 DHCP 服务器授权。

3. 创建和配置 DHCP 作用域。

4. 在"作用域选项"窗口中添加 DNS 服务器和网关地址。

5. 新建排除 IP 地址范围。

项目 7

配置与管理 DNS 服务器

项目描述

  某公司是一家电子商务运营公司，现公司需要一台 DNS 服务器为内部用户提供内网域名解析，用户可以在内网中使用 FQDN 访问公司的网站，同时 DNS 服务器可以为用户解析公网域名。为了减轻 DNS 服务器的压力，公司还需要搭建第二台 DNS 服务器，将第一台 DNS 服务器上的记录传输到第二台 DNS 服务器。内部的局域网使用 meiteng.cn 作为域名后缀。

  通过对 DNS 服务器的配置，实现域名解析服务。Windows Server 2016 提供的 DNS 服务，可以使员工简便、快捷地访问网络中的资源。

  本项目主要介绍 Windows Server 2016 的 DNS 服务器的安装、配置与管理，辅助 DNS 服务器的配置等，以便为网络用户提供可靠的 DNS 服务。项目拓扑结构如图 7.0.1 所示。

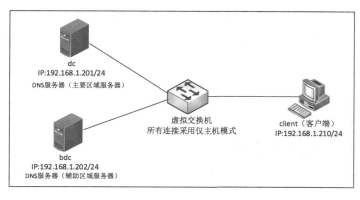

图 7.0.1 项目拓扑结构

知识目标

1. 理解 DNS 服务的基本功能、原理和应用场景。
2. 理解 DNS 正向解析和反向解析的作用。
3. 理解辅助 DNS 服务器的作用。

能力目标

1. 能够安装 DNS 服务器。
2. 能够实现主 DNS 服务器和辅助 DNS 服务器的配置。
3. 能够在客户端测试 DNS 服务器的正确性。

思政目标

1. 增强服务意识，为用户便捷使用网络提供支持。
2. 弘扬爱国精神，能够主动了解我国 DNS 根服务器的现状。
3. 增强信息系统安全意识，能够部署辅助服务器，提高 DNS 系统的可靠性。

任务 7.1 ► 安装与配置 DNS 服务器

任务描述

要使公司员工能够简便、快捷地访问网络中的资源，公司向外发布网站，就需要在公司局域网内部部署 DNS 服务器。接下来小彭的工作便是在公司的服务器上安装与配置 DNS 服务器。

任务要求

Windows Server 2016 通过安装 DNS 服务器，并在 DNS 服务器上创建主要区域、正向解析区域和反向解析区域完成 DNS 服务器的配置，并为用户提供 DNS 服务。服务器的主机名、IP 地址、别名对应关系如表 7.1.1 所示。

表 7.1.1　服务器的主机名、IP 地址、别名对应关系

主　机　名	IP　地　址	别　　名	备　　注
dc	192.168.1.201	无	用于主 DNS 服务器和 DHCP 服务器
bdc	192.168.1.202	无	用于辅助 DNS 服务器和 DHCP 服务器
mail	192.168.1.203	无	用于邮件交换器
web	192.168.1.204	www	别名主要用于网络服务
fs	192.168.1.205	ftp	用于 FTP 服务器
client	192.168.1.210	无	客户端，用于测试

任务实施

1. 安装 DNS 服务器

如果本机已经是域控制器，则 DNS 服务器已经默认安装，可以跳过此步骤。如果依次选择"开始"→"服务器管理器"→"工具"命令，此时找不到"DNS"命令，那么就需要安装 DNS 服务器。

步骤 1：打开"服务器管理器"窗口，依次选择"仪表板"→"快速启动"→"添加角色和功能"命令。

步骤 2：打开"添加角色和功能向导"窗口，在"开始之前"界面中，单击"下一步"按钮。

步骤 3：在"选择安装类型"界面中，选中"基于角色或基于功能的安装"单选按钮，单击"下一步"按钮。

步骤 4：在"选择目标服务器"界面中，选中"从服务器池中选择服务器"单选按钮，选择本任务使用的服务器"dc"，单击"下一步"按钮。

步骤 5：在"选择服务器角色"界面中，勾选"DNS 服务器"复选框，在弹出的"添加 DNS 服务器所需的功能"界面中单击"添加功能"按钮，返回"选择服务器角色"界面，确认"DNS 服务器"复选框处于已勾选状态，单击"下一步"按钮，如图 7.1.1 所示。

步骤 6：在"选择功能"界面中，保持默认设置，单击"下一步"按钮。

步骤 7：在"DNS 服务器"界面中，保持默认设置，单击"下一步"按钮。

步骤 8：在"确认安装所选内容"界面中，单击"安装"按钮，进行安装，如图 7.1.2 所示。

步骤 9：安装成功后，在"安装进度"界面中，单击"关闭"按钮，如图 7.1.3 所示。

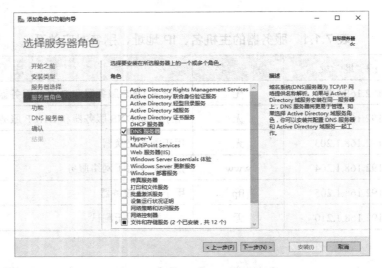

图 7.1.1 选择服务器角色

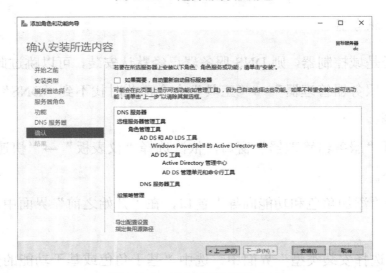

图 7.1.2 确认安装所选内容

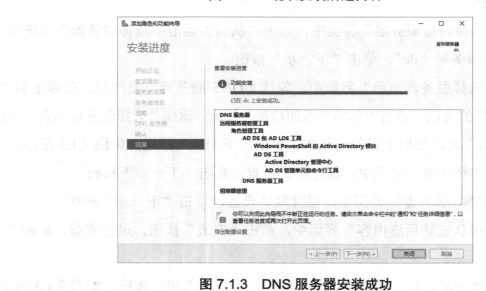

图 7.1.3 DNS 服务器安装成功

步骤 10：在"服务器管理器"窗口中，选择"工具"→"DNS"命令，打开"DNS 管理器"窗口。在"DNS 管理器"窗口中进行本地或远程的 DNS 服务器管理，如图 7.1.4 所示。需要注意的是，DNS 服务器没有安装域控制器，若已经安装了域控制器和 DNS 服务器，则在正向查找区域中会有域控制器的区域。

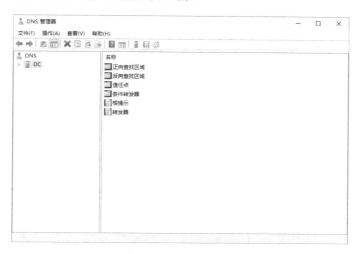

图 7.1.4　"DNS 管理器"窗口

2. 配置 DNS 服务器

1）创建正向查找区域

大部分 DNS 客户端的请求为正向解析，即把域名解析成 IP 地址。正向解析是由正向查找区域完成的。创建正向查找区域的步骤如下。

步骤 1：在"服务器管理器"窗口中，选择"工具"→"DNS"命令。

步骤 2：在"DNS 管理器"窗口中，选择"DNS"→"DC"选项，右击"正向查找区域"选项，在弹出的快捷菜单中选择"新建区域"命令，新建正向查找区域，如图 7.1.5 所示。

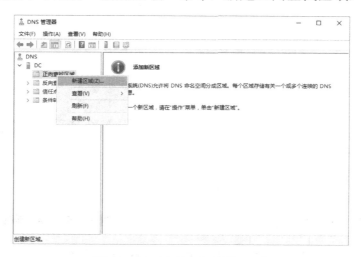

图 7.1.5　新建正向查找区域

步骤 3：打开"新建区域向导"对话框，在"欢迎使用新建区域向导"界面中，单击"下一步"按钮，如图 7.1.6 所示。

步骤 4：在"区域类型"界面中的"选择你要创建的区域的类型"选项组中，显示了 3 种类型区域，分别为主要区域、辅助区域和存根区域，这里选中"主要区域"单选按钮，单击"下一步"按钮，如图 7.1.7 所示。

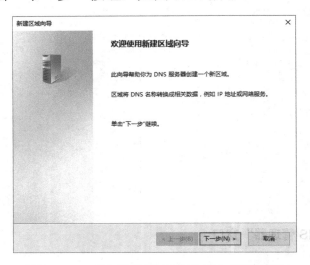

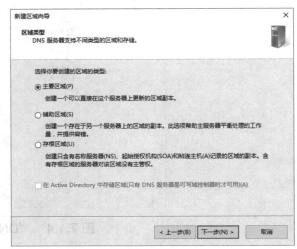

图 7.1.6　"欢迎使用新建区域向导"界面　　　　　图 7.1.7　选择区域类型

步骤 5：在"区域名称"界面中，输入区域名称，此处使用"meiteng.cn"，单击"下一步"按钮，如图 7.1.8 所示。

步骤 6：在"区域文件"界面中，使用默认的文件名，单击"下一步"按钮，如图 7.1.9 所示。

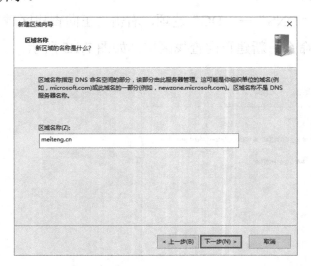

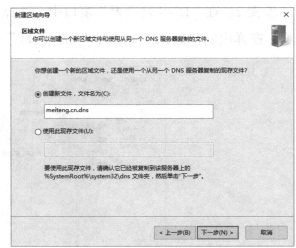

图 7.1.8　输入区域名称　　　　　　　　　图 7.1.9　使用默认的文件名

步骤 7：在"动态更新"界面中，指定这个 DNS 区域的安全使用范围，选中"不允许动态更新"单选按钮,单击"下一步"按钮,如图 7.1.10 所示。

步骤 8:在"正在完成新建区域向导"界面中,单击"完成"按钮,正向查找区域创建完成,如图 7.1.11 所示。

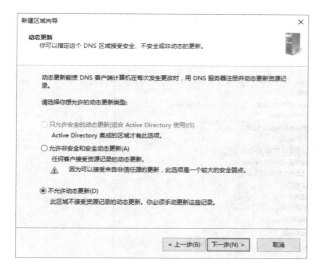

图 7.1.10　选择动态更新类型

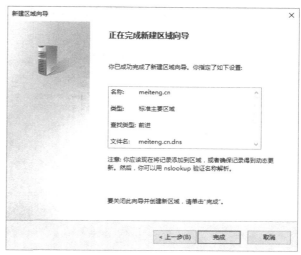

图 7.1.11　完成正向查找区域的创建

步骤 9:返回"DNS 管理器"窗口,在右侧可以查看创建完成的正向查找区域,如图 7.1.12 所示。

图 7.1.12　查看创建完成的正向查找区域

2)新建主机(A)记录

DNS 服务器的正向查找区域创建完成后,需要添加主机记录才能真正实现 DNS 解析服务。也就是说,必须为 DNS 服务添加与主机名和 IP 地址对应的数据库,从而将 DNS 主机名与其 IP 地址一一对应。这样，当输入主机名时，就能解析成对应的 IP 地址并实现对相应 DNS 服务器的访问。

步骤 1：选择"DC"→"正向查找区域"→"meiteng.cn"选项，右击右侧空白处，在弹出的快捷菜单中选择"新建主机（A 或 AAAA）"命令，如图 7.1.13 所示。

图 7.1.13 新建主机

步骤 2：在"新建主机"对话框中，分别输入主机记录名称和对应的 IP 地址，此处使用"dc"和"192.168.1.201"，单击"添加主机"按钮，如图 7.1.14 所示。在弹出的"DNS"对话框中，单击"确定"按钮，如图 7.1.15 所示。

图 7.1.14 "新建主机"对话框　　　　　**图 7.1.15 "DNS"对话框**

步骤 3：使用同样的步骤添加其他主机记录，主机名分别为 bdc、mail、web、fs、client，各个主机名对应的 IP 地址如表 7.1.1 所示，主机记录列表如图 7.1.16 所示。

图 7.1.16　主机记录列表

3）新建别名（CNAME）记录

在很多情况下，需要为区域内的一台主机建立多个主机名。例如，某台主机是 Web 服务器，其主机名为 www.meiteng.cn。

步骤 1：选择 "DC" → "正向查找区域" → "meiteng.cn" 选项，右击右侧空白处，在弹出的快捷菜单中选择 "新建别名（CNAME）" 命令，如图 7.1.17 所示。

图 7.1.17　新建别名

步骤 2：在 "新建资源记录" 对话框中的 "别名（如果为空则使用父域）" 文本框中输入别名 "www"，并输入或使用浏览方式设置其对应主机的完全合格的域名，在 "浏览" 对话框中依次选择 "DC" → "正向查找区域" → "meiteng.cn" → "web" 选项，单击 "确定" 按钮。返回 "新建资源记录" 对话框，单击 "确定" 按钮，如图 7.1.18 和图 7.1.19 所示。

步骤 3：使用同样的步骤添加另一条别名记录，别名为 ftp，对应主机的完全合格的域名为 fs.meiteng.cn。别名记录的设置结果如图 7.1.20 所示。

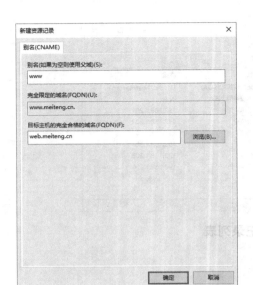

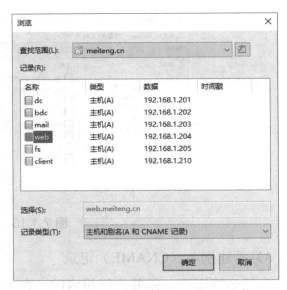

图 7.1.18 "新建资源记录"对话框   **图 7.1.19** "浏览"对话框

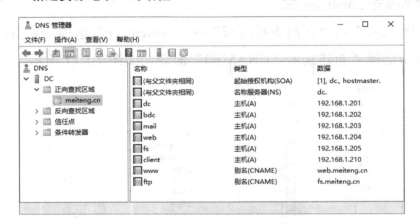

图 7.1.20 别名记录的设置结果

4）新建邮件交换器（MX）记录

当局域网用户与其他 Internet 用户进行邮件交换时，将由在该处指定的邮件交换器与 Internet 邮件交换器共同完成。也就是说，如果不指定 MX 邮件交换记录，那么局域网用户将与 Internet 用户进行的邮件交换，不能实现 Internet 电子邮件的收发功能。

步骤 1：选择"DC"→"正向查找区域"→"meiteng.cn"选项，右击右侧空白处，在弹出的快捷菜单中选择"新建邮件交换器（MX）"命令，如图 7.1.21 所示。

步骤 2：在"新建资源记录"对话框中，单击"浏览"按钮，设置"邮件服务器的完全限定的域名（FQDN）"为"mail.meiteng.cn"，"邮件服务器优先级"为 5，单击"确定"按钮，完成邮件交换器（MX）资源记录的设置，如图 7.1.22 所示。

步骤 3：返回"DNS 管理器"窗口，可以查看已创建完成的邮件交换器（MX）记录，如图 7.1.23 所示。

图 7.1.21　新建邮件交换器

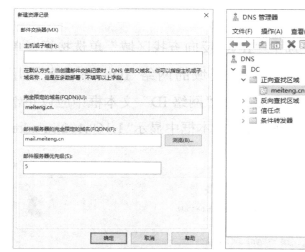

图 7.1.22　设置邮件交换器
资源记录

图 7.1.23　查看已创建完成的邮件交换器（MX）
记录

5）创建反向查找区域

通过 IP 地址查询主机名的过程被称为反向查找，反向查找区域可以实现 DNS 客户端使用 IP 地址查询其主机名的功能。创建反向查找区域的步骤如下。

步骤 1：在"DNS 管理器"窗口中，选择"DNS"→"DC"选项，右击"反向查找区域"选项，在弹出的快捷菜单中选择"新建区域"命令，新建反向查找区域，如图 7.1.24 所示。

步骤 2：打开"新建区域向导"对话框，在"欢迎使用新建区域向导"界面中，单击"下一步"按钮。

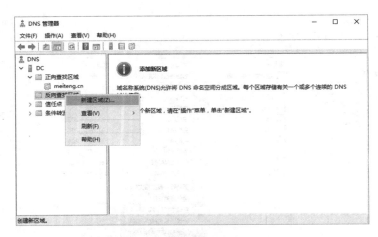

图 7.1.24　新建反向查找区域

步骤 3：在"区域类型"界面中的"选择你要创建的区域的类型"选项组中，选中"主要区域"单选按钮，单击"下一步"按钮。

步骤 4：在"反向查找区域名称"界面中，选中"IPv4 反向查找区域"单选按钮，单击"下一步"按钮，如图 7.1.25 所示。输入反向查找区域的网络 ID，本任务使用"192.168.1.0/24"，单击"下一步"按钮。需要注意的是，在"网络 ID"文本框中应以正常的网络 ID 顺序填写，输入完成后，将在"反向查找区域名称"文本框中显示"1.168.192.in-addr.arpa"，如图 7.1.26 所示。

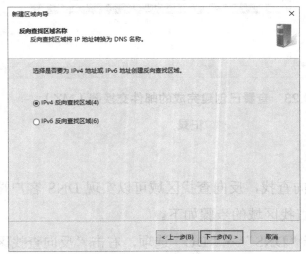

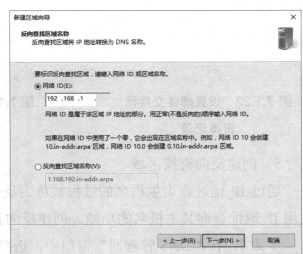

图 7.1.25　选中"IPv4 反向查找区域"单选按钮　　**图 7.1.26　输入反向查找区域网络 ID**

步骤 5：在"区域文件"界面中，默认创建新文件，单击"下一步"按钮。

步骤 6：在"动态更新"界面中，选中"不允许动态更新"单选按钮，单击"下一步"按钮。

步骤 7：在"正在完成新建区域向导"界面中，单击"完成"按钮，完成反向查找区域的创建，如图 7.1.27 所示。

步骤 8：返回"DNS 管理器"窗口，在右侧可以查看创建完成的反向查找区域 1.168.192.in-addr.arpa 及其自动生成的记录，如图 7.1.28 所示。

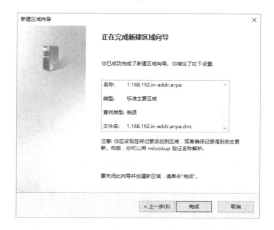

图 7.1.27　完成反向查找区域的创建

图 7.1.28　查看反向查找区域

6）新建指针记录

步骤 1：选择"DNS"→"DC"→"反向查找区域"→"1.168.192.in-addr.arpa"选项，右击右侧空白处，在弹出的快捷菜单中选择"新建指针（PTR）"命令，如图 7.1.29 所示。

图 7.1.29　新建指针

步骤 2：在"新建资源记录"对话框中，输入指定的 IP 地址，并输入或使用浏览方式选择其对应的主机名（完全合格的域名），本任务分别使用"192.168.1.201"和"dc.meiteng.cn"，如图 7.1.30 所示。

步骤 3：返回"DNS 管理器"窗口，可以查看已创建完成的指针记录，如图 7.1.31 所示。

图 7.1.30 设置指针资源记录信息

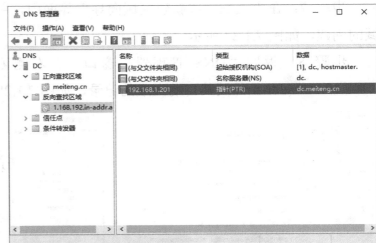

图 7.1.31 查看已创建完成的指针记录

7）更新主机记录产生指针记录

除可以采用新建方式之外，还可以在创建反向查找区域后，通过主机记录更新的方式产生指针记录，本任务以生成 bdc 对应的指针记录为例。

步骤 1：右击"bdc"，在弹出的快捷菜单中选择"属性"命令，如图 7.1.32 所示。

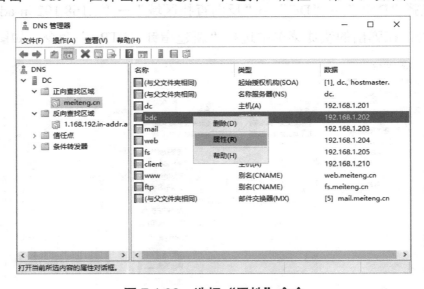

图 7.1.32 选择"属性"命令

步骤 2：在"bdc 属性"对话框中，勾选"更新相关的指针（PTR）记录"复选框，单击"确定"按钮，如图 7.1.33 所示。

步骤 3：返回"DNS 管理器"窗口，双击"1.168.192.in-addr.arpa"选项，在右侧可以查看 bdc 对应的指针记录，如图 7.1.34 所示。

步骤 4：使用同样的步骤配置 mail、web、fs、client 的指针记录，如图 7.1.35 所示。

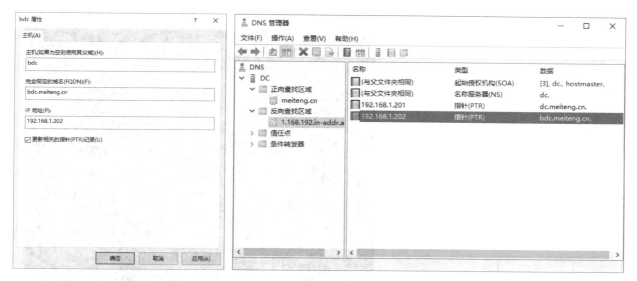

图 7.1.33　修改主机记录属性　　　　　图 7.1.34　更新主机记录后产生的指针记录

图 7.1.35　更新主机记录后产生的所有指针记录

3. 配置 DNS 客户端

在 DNS 客户端上，确保两台主机之间网络连接正常。在"网络连接详细信息"对话框中，检查网络适配器中的 DNS 服务器的 IP 地址设置，如图 7.1.36 所示。

4. 测试 DNS 服务器

在 DNS 客户端上打开命令提示符窗口，使用 nslookup 命令测试 DNS 服务器的可用性。

方法一：以"nslookup 资源记录"格式测试 DNS 服务器的可用性及解析结果，本任务针对主机记录 dc.meiteng.cn、别名记录 www.meiteng.cn、主机记录 mail.meiteng.cn 和指针记录 192.168.1.203 进行测试，查询结果如图 7.1.37 所示。

图 7.1.36　检查 DNS 服务器的 IP 地址设置

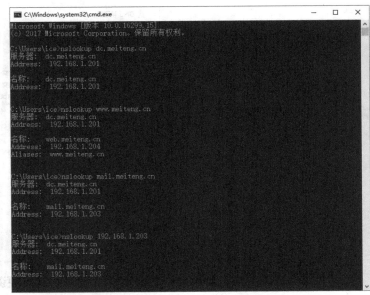

图 7.1.37　nslookup 命令及查询结果

方法二：以交互式模式查询解析结果，适用于需要多次查询或需要设置记录类型的情况。本任务以查询邮件交换器记录为例，相关命令如表 7.1.2 所示，查询结果如图 7.1.38 所示。

表 7.1.2　使用交互模式查询邮件交换器记录

命　　令	作　　用
nslookup	进入 nslookup 命令的交互模式
set type=mx	设置查询类型为 mx，即查看邮件交换器记录
meiteng.cn	设置要查询的邮件域
exit	退出 nslookup 命令

图 7.1.38　邮件交换器记录查询结果

知识链接

1. HOSTS 文件及用途

DNS 客户端在进行查询时，首先会检查自身的 HOSTS 文件，只有当该文件内没有主机解析记录时，才会向 DNS 服务器进行查询。此文件存储在%systemroot%System32\drivers\etc 文件夹下（%systemroot%替换为系统所在磁盘的 Windows 目录，如 C:\Windows），默认无任何有效记录。为了用户安全，建议将此文件属性设置为只读，在需要修改时再取消只读属性。

2. DNS 服务器

域名系统（Domain Name System，DNS）是一个分布式数据库，属于 TCP/IP 体系中应用层的协议，使用 TCP 和 UDP 的 53 号端口。由于 IP 地址是一串数字，不方便用户记忆，因此人们发明了域名（Domain Name），域名可以将一个 IP 地址关联到一组有意义的字符上，域名系统的作用是将域名映射为 IP 地址，此过程为域名解析。当前，对于每一级域名长度的要求是不能超过 63 个字符，域名总长度则不能超过 255 个字符。

3. 层次化域名空间

Internet 的域名的层次化结构，最高层为根。任何一台连接在 Internet 上的主机或路由器，都有一个唯一的层次结构的域名。域名的结构由标号序列组成，各个标号之间用"."隔开。例如"…….三级域名.二级域名.顶级域"，各个标号分别代表不同级别的域名，如图 7.1.39 所示。

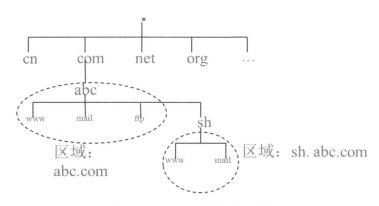

图 7.1.39 层次化域名空间

顶级域名分为 3 种。一是国家和地区顶级域名（country code Top-Level Domains，ccTLDs），200 多个国家都按照 ISO3166 国家代码分配了顶级域名，如中国是.cn 等；二是通用顶级域名（generic Top-Level Domains，gTLDs），如表示公司企业的.com，表示教育机构的.edu，表示网络提供商的.net 等；三是新顶级域名（New gTLD），如通用的.xyz、代表"高端"的.top 等。常见的顶级域名如表 7.1.3 所示。

表 7.1.3 常见的顶级域名

分 配 情 况	顶 级 域 名	分 配 情 况	顶 级 域 名
阿帕网	arpa	中国	cn
商业机构（如大多数公司、企业）	com	中国香港	hk
教育机构（如大学和学院）	edu	日本	jp
Internet 网络服务机构	net	英国	uk
政府机关	gov	个人	name
军事系统	mil	博物馆	museum
非营利性组织	org	合作团体	coop

4. DNS 名称解析的查询模式

域名解析分为递归解析（又叫作递归查询）和迭代解析（又叫作迭代查询）。提供递归查询服务的域名服务器，可以代替查询主机或其他域名服务器进行进一步的域名查询，并将最终解析结果发送给查询主机或服务器，如图 7.1.40 所示。提供迭代查询服务的域名服务器，不会代替查询主机或其他域名服务器进行进一步的域名查询，只是将下一步要查询的服务器告知查询主机或服务器（当然，如果该服务器拥有最终解析结果，则会直接响应解析结果），如图 7.1.41 所示。

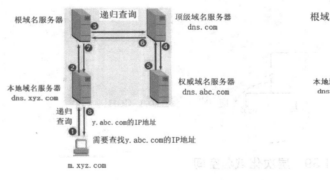

图 7.1.40 递归查询

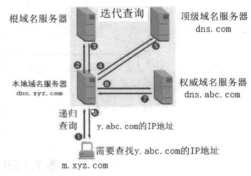

图 7.1.41 迭代查询

5. 安装 DNS 服务器的必要条件

DNS 服务器要为 DNS 客户端提供域名解析服务，必须具备以下条件。

（1）有固定的 IP 地址。

（2）安装并启动 DNS 服务。

（3）有区域文件，或配置转发器，或配置根提示。

6. 区域类型

Windows Server 2016 的 DNS 服务器有 3 种区域类型,分别为主要区域(Primary Zone)、辅助区域(Secondary Zone)和存根区域(Stub Zone)。

1)主要区域

主要区域包含相应 DNS 命名空间的所有资源记录,可以对区域中的所有资源记录进行读/写操作,即 DNS 服务器可以修改此区域中的数据,保存这些资源记录的是一个标准的 DNS 区域文件。在通常情况下,设置 DNS 服务器就是设置主要区域数据库的记录,管理员可以在此区域内新建、修改和删除记录。若 DNS 服务器是独立服务器,则 DNS 区域内的记录存储在区域文件中,该区域文件名默认为 "区域名称.dns";若 DNS 服务器是域控制器,则区域内数据库的记录会存储在区域文件或 Active Directory 集成区域中,并且所有资源记录都是随着 Active Directory 数据库的复制而被复制到其他域控制器中。

2)辅助区域

辅助区域是主要区域的备份,辅助区域的文件从主要区域中直接复制而来,同样包含相应 DNS 命名空间的所有资源记录,保存这些资源记录的同样是一个标准的 DNS 区域文件,只是该区域文件为只读文件。当在 DNS 服务器内创建了一个辅助区域后,这台 DNS 服务器就是这个区域的辅助名称服务器。

3)存根区域

存根区域是一个区域副本,仅标识该区域内的 DNS 服务器所需的资源记录,包括名称服务器、主机资源记录的区域副本。存根区域内的服务器无权管理区域内的资源记录。

7. 正向解析和反向解析

在 DNS 服务器中有两个区域,即正向查找区域和反向查找区域。

(1)正向查找区域提供正向解析,即将域名转换为 IP 地址。例如,DNS 客户端发起请求解析域名 www.yiteng.com 的 IP 地址。

(2)反向查找区域提供反向解析,即将 IP 地址转换为域名。反向解析由两部分组成,即网络 ID 反向书写与固定的域名 in-addr.arpa。例如,如果解析域名 192.168.1.101,则此反向域名需要写成 1.168.192.in-addr.arpa。由此可见,in-addr.arpa 是反向解析的顶级域名。

8. nslookup 命令

nslookup 是一个网络工具,用于查询 DNS 的记录,查看域名解析是否正常。根据使用的系统不同(如 Windows 和 Linux),返回的值可能有所不同。

1）命令格式

nslookup 命令的书写格式为"nslookup [主机名/IP 地址] [server]"。

其中，可以直接在 nslookup 后面添加待查询的主机名或 IP 地址，[server]是可选参数。如果在 nslookup 后面没有添加任何主机名或 IP 地址，则直接进入 nslookup 命令的查询界面。在该界面中，可以添加其他参数进行特殊查询，如查询所有正向解析的配置文件、所有主机的信息或当前设置的所有值等。

2）直接查询实例

若没有指定域名，则查询默认的 DNS 服务器。使用 nslookup 命令解析域名如图 7.1.42 所示。

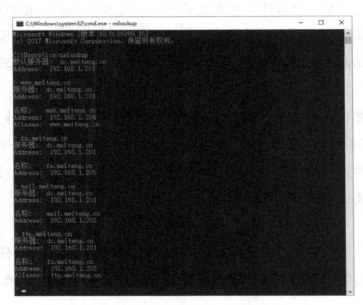

图 7.1.42　使用 nslookup 命令解析域名

任务小结

（1）在 Windows Server 中配置 DNS 的通用步骤为：先安装 DNS 服务器角色，然后创建正向解析区域，根据需要创建主机、别名、邮件交换器等记录。

（2）DNS 客户端在使用 DNS 服务器时，需要在本地连接中设置使用的 DNS 服务器的 IP 地址，在测试时可以在命令提示符窗口中使用 nslookup 等命令。

任务拓展

（1）访问具有正规资质的域名注册网站，查询并记录 news.cn 域名的注册信息。

（2）查询有关 DNS 的网络安全事件，了解 DNS 的安全加固方法。

任务 7.2 ▶ 配置辅助 DNS 服务器

任务描述

随着公司规模的扩大，用网人数的增加，公司主 DNS 服务器负荷过重，为防止单点故障，小彭想通过增加一台 DNS 服务器作为辅助 DNS 服务器，实现 DNS 的负载平衡和冗余备份，这样即使主 DNS 服务器出现故障，也不会影响用户访问网络。

任务要求

辅助 DNS 服务器是 DNS 服务器的一种容错机制，当主 DNS 服务器遇到故障不能正常工作时，辅助 DNS 服务器可以立刻分担主 DNS 服务器的工作，提供解析服务。服务器的主机名、IP 地址对应关系如表 7.2.1 所示。

表 7.2.1　服务器的主机名、IP 地址对应关系

主　机　名	IP 地址	备　　注
dc	192.168.1.201	主 DNS 服务器
bdc	192.168.1.202	辅助 DNS 服务器
client	192.168.1.210	客户端，用于测试

任务实施

1. 在辅助 DNS 服务器上新建辅助区域

步骤 1：在 bdc 上，完成 DNS 服务器角色的添加。

步骤 2：在"服务器管理器"窗口中，选择"工具"→"DNS"命令。

步骤 3：在"DNS 管理器"窗口中，选择"DNS"→"BDC"选项，右击"正向查找区域"选项，在弹出的快捷菜单中选择"新建区域"命令。

步骤 4：打开"新建区域向导"对话框，在"欢迎使用新建区域向导"界面中，单击"下一步"按钮。

步骤 5：在"区域类型"界面中，选中"辅助区域"单选按钮，如图 7.2.1 所示。

步骤 6：在"区域名称"界面中，输入辅助区域名称"meiteng.cn"，单击"下一步"按钮。

步骤 7：在"主 DNS 服务器"界面的"主服务器"列表框中，单击并输入主 DNS 服

务器的 IP 地址 "192.168.1.201"，按 Enter 键，单击 "下一步" 按钮，如图 7.2.2 所示。

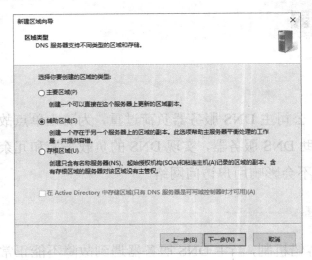

图 7.2.1　选择区域类型

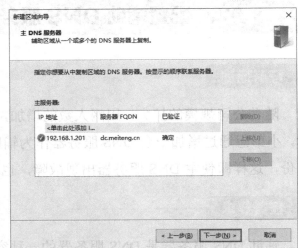

图 7.2.2　输入主 DNS 服务器的 IP 地址

步骤 8：在 "正在完成新建区域向导" 界面中，单击 "完成" 按钮。

2. 在主 DNS 服务器上允许区域传输

步骤 1：在 dc 上打开 "DNS 管理器" 窗口，右击 "meiteng.cn" 选项，在弹出的快捷菜单中选择 "属性" 命令，如图 7.2.3 所示。

步骤 2：在 "meiteng.cn 属性" 对话框的 "区域传送" 选项卡中，勾选 "允许区域传送" 复选框，选中 "只允许到下列服务器" 单选按钮，单击 "编辑" 按钮，在弹出的 "允许区域传送" 对话框中，输入辅助 DNS 服务器的 IP 地址，本任务输入 "192.168.1.202"，单击 "确定" 按钮，如图 7.2.4 和图 7.2.5 所示。

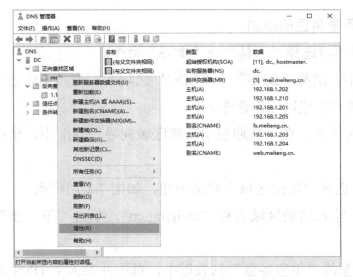

图 7.2.3　"DNS 管理器" 窗口

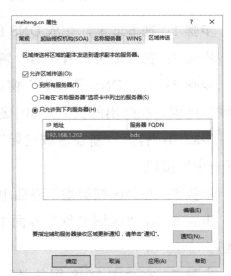

图 7.2.4　允许区域传送到指定服务器

图 7.2.5　输入辅助 DNS 服务器的 IP 地址

步骤 3：返回"meiteng.cn 属性"对话框，单击"确定"按钮。

3. 在辅助 DNS 服务器上加载区域副本

步骤 1：在 bdc 的"DNS 管理器"窗口中，右击"meiteng.cn"选项，在弹出的快捷菜单中选择"从主服务器传送区域的新副本"命令，重新加载区域副本，如图 7.2.6 所示。

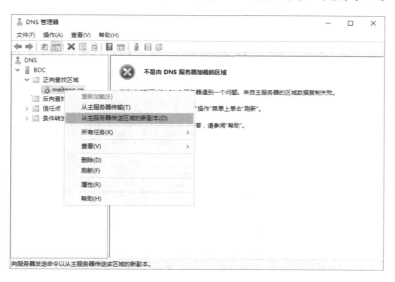

图 7.2.6　重新加载区域副本

步骤 2：传送完成后，可以看到所有 DNS 记录已从主 DNS 服务器上同步完成，如图 7.2.7 所示。

图 7.2.7　查看辅助区域记录

小贴士：

若遇到辅助区域创建完成但无法加载区域信息的情况，则需先检查其与主 DNS 服务器的连通性，以及相关查找区域的区域传送是否允许辅助 DNS 服务器同步数据，然后在辅助 DNS 服务器的"DNS 管理器"窗口中重新启动 DNS 服务或重新加载区域。

4．测试辅助 DNS 服务器

步骤 1：在 DNS 客户端上，将网络适配器的首选 DNS 服务器的 IP 地址设置为 "192.168.1.201"，辅助 DNS 服务器的 IP 地址设置为"192.168.1.202"，如图 7.2.8 所示。

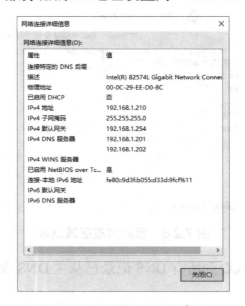

图 7.2.8　配置 DNS 客户端

步骤 2：在 dc 上，将其系统关机。

步骤 3：在命令提示符窗口中运行 nslookup www.meiteng.cn 192.168.1.201 命令，可以发现无法正常解析，此时运行 nslookup www.meiteng.cn 192.168.1.202 命令，可以获得正确的解析结果，如图 7.2.9 所示。使用相同方法测试其他记录，此处不再赘述。

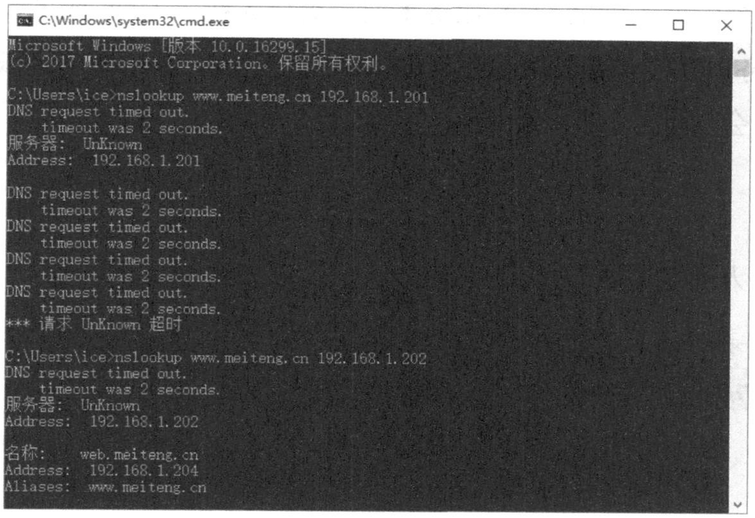

图 7.2.9　测试辅助 DNS 服务器的可用性

小贴士：

在测试辅助 DNS 服务器时，可以将 DNS 客户端的"首选 DNS 服务器"文本框中填入辅助 DNS 服务器的 IP 地址，也可以同时填入两个 DNS 服务器的 IP 地址。在默认情况下，客户端使用首选 DNS 服务器来完成解析，只有无法和首选 DNS 服务器通信时，才会使用辅助 DNS 服务器。

若需强制调用某台 DNS 服务器，则可以使用 nslookup 命令指定。

知识链接

由于通常使用域名来访问网络中的服务器，因此 DNS 服务器在访问网络中就显得十分重要。如果 DNS 服务器出现故障，那么即使是网络本身通信正常，也无法通过域名访问网络。

为保障正常解析域名，除了安装一台主 DNS 服务器，还可以安装一台或多台辅助 DNS 服务器，辅助 DNS 服务器只创建与主 DNS 服务器相同的辅助区域，而不创建区域内的资源记录，所有资源记录从主 DNS 服务器同步传送得到辅助 DNS 服务器上。

任务小结

（1）所谓辅助 DNS 服务器是针对特定的区域而言的，一台 DNS 服务器可以在是某个区域的主服务器的同时也是另一个区域的辅助服务器。

（2）在配置某个区域的辅助 DNS 服务器时，需要先在主 DNS 服务器中设置区域传送，允许辅助 DNS 服务器同步数据，然后在辅助 DNS 服务器上创建辅助区域并指定主 DNS 服务器，创建完成后会自动加载区域记录。

任务拓展

查询有关"雪人计划"的相关内容。

▶ 练习题

一、选择题

1. 在 Windows Server 2016 的命令提示符窗口中输入并运行（　　）命令查看 DNS 服务器的 IP 地址。

  A．dnsserver   B．dnsconfig   C．nslookup   D．dnsip

2. 在 Windows Server 2016 的 DNS 服务器上不可以新建的区域类型有（　　）。

  A．转发区域   B．辅助区域   C．存根区域   D．主要区域

3. DNS 提供了一个（　　）命名方案。

  A．分级   B．分层   C．多级   D．多层

4. 在 DNS 顶级域名中，表示学院组织的是（　　）。

  A．com   B．gov   C．mil   D．edu

5.（　　）表示别名的资源记录。

  A．MX   B．SOA   C．CNAME   D．PTR

6.（　　）表示主机的资源记录。

  A．MX   B．A   C．CNAME   D．PTR

7.（　　）表示指针的资源记录。

  A．MX   B．SOA   C．CNAME   D．PTR

8.（　　）表示邮件交换器的资源记录。

  A．MX   B．SOA   C．CNAME   D．PTR

9. 有一台 DNS 服务器，用来提供域名解析服务。网络中的其他计算机都作为这台 DNS 服务器的客户端。在服务器创建了一个标准主要区域，在一台客户端上使用 nslookup 命令查询一个主机名，DNS 服务器能够正确地将其 IP 地址解析出来。但是当使用 nslookup 命令查询该 IP 地址时，DNS 服务器却无法将其主机名解析出来。请问：应如何解决这个问题？（　　）

    A．在 DNS 服务器反向解析区域中，为这条主机记录创建相应的 PTR 指针记录

    B．设置 DNS 服务器区域的属性为允许动态更新

    C．在要查询的客户端上运行 ipconfig /registerdns 命令

    D．重新启动 DNS 服务器

10．将 DNS 客户端请求的完全合格的域名解析为对应的 IP 地址的过程被称为（　　）。

    A．正向解析　　　　B．迭代解析　　　　C．递归解析　　　　D．反向解析

11．将 DNS 客户端请求的 IP 地址解析为对应的完全限定域名的过程被称为（　　）。

    A．正向解析　　　　B．迭代解析　　　　C．递归解析　　　　D．反向解析

二、实训题

某公司局域网内没有 DNS 服务器，现计划搭建一台 DNS 服务器，IP 地址为 172.16.1.100，区域名称为 tiantain.cn，并为公司的服务器建立主机记录，请完成以下要求。

1．添加 DNS 服务器角色，搭建 DNS 服务器。

2．创建区域，添加主机记录（www、mail 和 ftp），实现局域网内部的域名解析。

项目 8

配置与管理 Web 服务器

项目描述

　　某公司是一家电子商务运营公司，已经部署了 DNS 等基本服务器以满足网络应用需求。为了对外宣传和扩大影响，公司决定架设 Web 服务器，现已委托设计公司进行公司网站设计。当前，需要小彭先搭建 Web 服务器并创建简单网站，供公司内部使用。

　　基于上述需求，小彭将要在公司的一台装有 Windows Server 2016 的服务器上安装 IIS 组件，用以创建公司网站。

　　本项目主要介绍 Windows Server 2016 的 Web 服务器的安装、配置与管理。项目拓扑结构如图 8.0.1 所示。

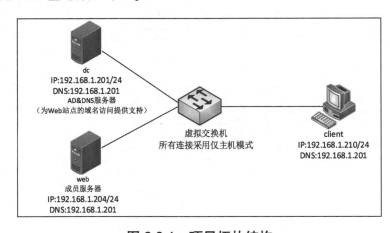

图 8.0.1　项目拓扑结构

1. 了解 Web 服务器的应用场景、基本工作过程。

2. 了解常见的 Web 服务器。

3. 理解 WWW、HTTP、URL 的基本概念。

4. 掌握虚拟目录和 Web 虚拟机的基本概念。

1. 能够安装典型的 Web 服务器。

2. 能够建立简单网站和使用虚拟目录扩展网站资源。

3. 能够使用不同的端口建立多个网站。

4. 能够使用不同的主机名建立多个网站。

1. 树立节约意识，在建立网站时充分利用现有的服务器资源。

2. 形成服务意识，主动关注用户需求，协助创建网站。

任务 8.1 安装与配置 Web 服务器

任务描述

现小彭按照公司的业务要求，要搭建 Web 服务器。小彭应了解如何创建基于 Windows Server 2016 的 Web 服务器，以及如何安装 Web 服务器和实现网站的创建，并使用浏览器进行访问测试。

任务要求

Web 服务采用 B/S（Browser/Server，浏览器/服务器）架构，在客户端使用浏览器访问存放在服务器上的 Web 网页，客户端与服务器之间采用 HTTP（HyperText Transfer Protocol，超文本传输协议）传输数据。安装 Web 服务器，并在 Web 服务器上实现网站的创建，具体要求如下。

（1）在 Web 服务器上安装 IIS。

（2）安装完成后，测试 IIS 是否可以正常运行。

（3）创建一个新的网站及测试页，并在 Web 服务器上实现网站的创建。网站主要设置项如表 8.1.1 所示。

表 8.1.1 网站主要设置项

设 置 项	计划设置方案
网站名称	meiteng 公司 web
端口号	80
IP 地址	Web 服务器 IP 地址：192.168.1.204
物理路径（主目录）	D:\meiteng_web
首页文件	首页文件名为 default.html，内容按需呈现
虚拟目录	建立一个用于发布公司日程表的虚拟目录

任务实施

1. 安装 Web 服务器

本任务是在主机为 web.meiteng.cn 的成员服务器上安装和配置 Web 服务器。

步骤 1：打开"服务器管理器"窗口，依次选择"仪表板"→"快速启动"→"添加角色和功能"命令。

步骤 2：打开"添加角色和功能向导"窗口，在"开始之前"界面中，单击"下一步"按钮。

步骤 3：在"选择安装类型"界面中，选中"基于角色或基于功能的安装"单选按钮，单击"下一步"按钮。

步骤 4：在"选择目标服务器"界面中，选中"从服务器池中选择服务器"单选按钮，选择服务器"WEB"，单击"下一步"按钮。

步骤 5：在"选择服务器角色"界面中，选中"Web 服务器（IIS）"复选框，在弹出的"添加 Web 服务器（IIS）所需的功能"界面中，单击"添加功能"按钮，返回"选择服务器角色"界面，确认"Web 服务器（IIS）"复选框处于已勾选状态，单击"下一步"按钮，如图 8.1.1 所示。

图 8.1.1　选择服务器角色

步骤 6：在"选择功能"界面中，保持默认设置，单击"下一步"按钮。

步骤 7：在"Web 服务器角色（IIS）"界面中，保持默认设置，单击"下一步"按钮。

步骤 8：在"选择角色服务"界面中，保持默认设置，单击"下一步"按钮。

步骤 9：在"确认安装所选内容"界面中，单击"安装"按钮，进行安装，如图 8.1.2 所示。

图 8.1.2　确认安装所选内容

步骤 10：安装成功后，在"安装进度"界面中，单击"关闭"按钮，如图 8.1.3 所示。

图 8.1.3　Web 服务器安装成功

2. 检查 Web 服务器（IIS）初始状态

打开浏览器，输入"http://127.0.0.1/"或"http://localhost"，按 Esc 键，若能够浏览 IIS 的默认网站页面则表示 IIS 安装、运行正常，如图 8.1.4 所示。

图 8.1.4　检查 Web 服务器初始状态

3. 创建网站

1）停止默认网站

步骤 1：在"服务器管理器"窗口中，选择"工具"→"Internet Information Services（IIS）管理器"命令。

步骤 2：在"Internet Information Services（IIS）管理器"窗口中，选择"WEB（MEITENG\Administrator）"→"网站"选项，右击"Default Web Site"选项，在弹出的快捷菜单中选择"管理网站"→"停止"命令，停止默认网站，如图 8.1.5 所示。

图 8.1.5　停止默认网站

2）创建网站物理路径及其首页文件

步骤 1：创建保存网站的物理路径"E:\meiteng_web"，并在 meiteng_web 文件夹内创建首页文件 default.htm，如图 8.1.6 所示。

步骤 2：在 meiteng_web 文件夹中创建并编辑首页文件 default.htm，输入首页内容"meiteng 公司测试页面"，如图 8.1.7 所示。

图 8.1.6　创建网站物理路径及其首页文件

图 8.1.7　输入首页内容

小贴士：

若需进行网站开发则可以使用 Sublime、Visual Studio Code、Dreamweaver、HBuilder 等工具，若只建立基本的网页则可以使用记事本等工具。在本任务中，可以使用记事本编辑文件内容，并将其保存为 index.html。Windows Server 2016 默认不显示文件的扩展名，可以在"此电脑"窗口的"查看"选项卡中，勾选"文件扩展名"复选框，修改扩展名。

3）创建并查看基于 IP 地址访问的网站

步骤 1：在"Internet Information Services（IIS）管理器"窗口中，右击"网站"选项，在弹出的快捷菜单中选择"添加网站"命令，如图 8.1.8 所示。

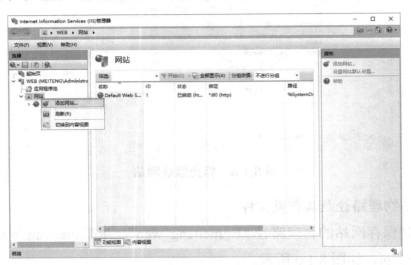

图 8.1.8 添加网站

步骤 2：在"添加网站"对话框中，输入网站信息，以本任务需求为例，在"网站名称"文本框中输入"meiteng 公司 web"，在"物理路径"文本框中输入"E:\meiteng_web"，选择"IP 地址"下拉列表中的"192.168.1.204"选项，在"端口"文本框中输入"80"，单击"确定"按钮，如图 8.1.9 所示。

图 8.1.9 设置网站信息

步骤 3：返回"Internet Information Services（IIS）管理器"窗口，可以查看已创建完成的网站"meiteng 公司 web"，如图 8.1.10 所示。

图 8.1.10　查看已创建完成的网站

4）访问网站

在客户端 client 上，打开浏览器，输入"192.168.1.204/"，按 Esc 键，即可浏览上述步骤创建的网站，如图 8.1.11 所示。

图 8.1.11　访问网站

4. 添加虚拟目录

1）创建虚拟目录对应的物理路径及其文件

创建保存网站的物理路径"E:\会议通知"，并在"会议通知"文件夹中创建存放会议通知的文件"会议日程安排.txt"，如图 8.1.12 所示。

小贴士：

网站资源并非全部放在对应的物理路径（主目录）下，若需调用网站物理路径之外的资源，则可以使用虚拟目录技术，访问虚拟目录的别名即可访问对应物理路径的内容，而用户则不知道别名对应的物理路径。

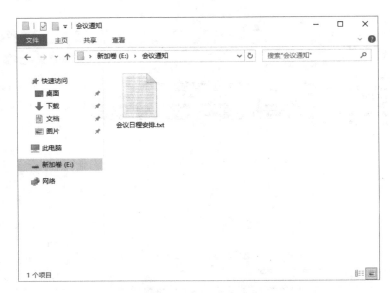

图 8.1.12　创建虚拟目录对应的物理路径及其文件

2）创建虚拟目录

步骤 1：在"Internet Information Services（IIS）管理器"窗口中，右击"meiteng 公司 web"选项，在弹出的快捷菜单中选择"添加虚拟目录"命令，如图 8.1.13 所示。

步骤 2：在"添加虚拟目录"对话框中，输入虚拟目录信息，本任务的"别名"使用 "mvd"，对应的"物理路径"为"E:\会议通知"，如图 8.1.14 所示。

图 8.1.13　添加虚拟目录

图 8.1.14　输入虚拟目录信息

步骤 3：返回"Internet Information Services（IIS）管理器"窗口，双击"mvd"选项，在右侧的"mvd 主页"区域中，双击"默认文档"图标，查看网页设置项，如图 8.1.15 所示。

步骤 4：在"默认文档"区域中，右击空白处，在弹出的快捷菜单中选择"添加"命令，添加默认文档，如图 8.1.16 所示。

图 8.1.15　查看网站设置项　　　　　　　　图 8.1.16　添加默认文档

步骤 5：由于 IIS 默认只识别 default.htm 等 5 种文件名作为网站打开后的默认首页，而虚拟目录对应的物理路径中的文件名并不包含在内，因此应在"添加默认文档"对话框中的"名称"文本框中输入"会议日程安排.txt"，单击"确定"按钮，如图 8.1.17 所示。

图 8.1.17　输入默认文档的名称

步骤 6：返回"Internet Information Service（IIS）管理器"窗口，可以看到在"默认文档"区域右侧已有文件"会议日程安排.txt"，如图 8.1.18 所示。

图 8.1.18　查看默认文档信息

3）访问虚拟目录

步骤 1：按照图 8.0.1 配置客户端 client 的相关 IP 地址信息。

步骤 2：在客户端 client 上，打开浏览器，输入"http://192.168.1.204/mvd/"，即可以浏览虚拟目录的默认页面，如图 8.1.19 所示。

图 8.1.19　访问虚拟目录的默认页面

知识链接

1. Web 与 WWW

Web 服务是互联网上应用十分广泛的网络服务之一，其中比较典型的应用就是 WWW（World Wide Web，万维网）。对于绝大多数普通用户而言，WWW 几乎成了 Web 的代名词。

Web 服务主要采用 B/S 架构，用户可以通过 Web 客户端（浏览器）访问 Web 服务器上的图、文、音、视并茂的网页信息资源。Web 服务器的交互过程主要有 4 个步骤，即连接过程、请求过程、应答过程、关闭连接，如图 8.1.20 所示。

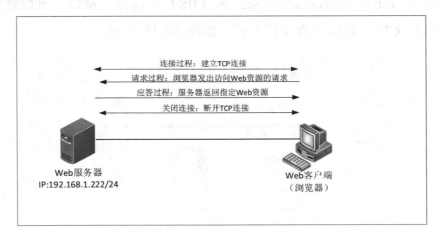

图 8.1.20　Web 服务器的交互过程

中间件（Middleware）一般指介于应用系统和系统软件之间的一类软件，为系统软件提供基础服务和功能，Web 服务器组件大多以中间件的形式存在。主流的 Web 服务器有 Windows 中的 IIS，以及 Linux 中的 Apache、Nginx 等。

2. HTTP

HTTP 是浏览器和 Web 服务器在通信时采用的应用层协议，使用 TCP 传递数据，默认监听的端口为 80 号端口。HTTP 使用 HTML（Hyper Text Markup Language，超文本标记语言）表示文本、图片、表格等。超文本指使用超链接的方法将位于不同位置的信息组成一个网状的文本结构，用户可以通过 Web 页面中的文字、图片等包含的超链接跳转访问其他位置的信息资源。

3. URL

URL（Uniform Resource Locator，统一资源定位符）是访问 WWW、FTP 等服务指定资源位置的表示方法，一般格式为"协议类型://服务器地址[:端口号]/路径/文件"，若为 80 号端口则可以省略。默认使用 HTTP，如 http://www.phei.com.cn。

4. Web 虚拟机

实现 Web 虚拟机的技术，指一种在一台物理 Web 服务器上建立多个网站的技术。使用这种技术可以减少搭建多个网站的成本，提高服务器的利用率。在一般情况下，使用不同的 IP 地址、端口、域名建立 Web 虚拟机。在本地服务器上建立的 Web 虚拟机，会共享服务器的硬件资源和带宽，适用于企业内网需要多个网站的情况，且要由网络管理员维护。若需有更高的带宽要求、更简便的维护形式，则可以在提供 Web 虚拟机主机租售的互联网服务提供商处按需购买使用。

5. 物理目录

从网站管理角度出发，网页文件应该分门别类地存储到专用的文件夹内，以便管理。在网站主目录下可以直接建立多个子文件夹，并将网页文件放到主目录与这些子文件夹中，这些子文件夹被称为物理目录。

6. 虚拟目录

网页文件可以存储到其他位置，如本地计算机的其他磁盘分区内的文件夹，或其他计算机的共享文件夹，通过虚拟目录映射到这个文件夹。每一个虚拟目录都有一个别名，用户可以通过别名访问这个文件夹中的网页。虚拟目录不论将网页的实际存储位置更改到何处，只要别名不变，用户均可以通过相同的别名访问网页。

任务小结

（1）在 Windows Server 2016 中，实现 Web 服务器功能的组件是 IIS，安装完成后要打开 IIS 的默认网站进行测试，正常显示后才能进行后续操作。

（2）虚拟目录增强了网站的扩展性，在建立虚拟目录时，需要设置别名及对应的物理路径。为了安全考虑，建议设置不同的别名与物理路径中的文件夹名。

任务拓展

设置网站的身份验证，授权 Windows Server 2016 中的用户访问，未取得授权的用户无法登录网站。

任务 8.2 ▶ 发布多个 Web 网站

任务描述

在公司的一台 Web 服务器上已经有了一个网站，但公司新购置的基于 B/S 架构的内部控制系统也需要创建一个网站。此外，公司销售部、技术部的网页内容经常需要更新，希望能建立独立的网站。下面由小彭完成这个任务。

任务要求

Windows Server 2016 的 Web 服务器组件 IIS 支持在同一台服务器上发布多个网站，这些网站又被称为 Web 虚拟机。这些网站要在 IP 地址、端口、主机名 3 项中的至少其中一项与其他网站有所不同。

由于当前的 Web 服务器只具有一个 IP 地址，因此可以创建端口、主机名不同的多个网站。网站主要设置项如表 8.2.1 所示。

表 8.2.1　网站主要设置项

设　置　项	内　部　网　站	销售部网站	技术部网站
网站名称	Web8080	销售部 Web	技术部 Web
端口号	8080	80	80
IP 地址	192.168.1.204	192.168.1.204	192.168.1.204
物理路径（主目录）	E:\nb_8080	E:\销售部 Web	E:\技术部 Web
主机名	无特定要求	xs.meiteng.cn	js.meiteng.cn
首页文件	index.html	index.html	index.html

1. 使用不同端口发布多个网站

步骤 1：在"Internet Information Services（IIS）管理器"窗口中，右击"网站"选项，在弹出的快捷菜单中选择"添加网站"命令。

步骤 2：在"添加网站"对话框中，输入网站信息，本任务的"网站名称"为"Web8080"，"物理路径"为"E:\nb_8080"，"IP 地址"为"192.168.1.204"，由于 80 号端口已经被网站"meiteng 公司 web"使用，因此此处可以使用 8080 号端口，单击"确定"按钮，如图 8.2.1 所示。

图 8.2.1　"添加网站"对话框

步骤 3：返回"Internet Information Services（IIS）管理器"窗口，即可查看已创建完成的网站"Web8080"，如图 8.2.2 所示。

图 8.2.2　查看已创建完成的网站

步骤 4：按照图 8.0.1 配置客户端 client 的相关 IP 地址信息。

步骤 5：在客户端 client 上，打开浏览器，输入"http://192.168.1.204:8080/"，按 Esc 键，即可浏览已创建的网站，如图 8.2.3 所示。

图 8.2.3　浏览已创建的网站

2. 使用不同主机名创建多个网站

1）在 DNS 服务器上添加网站所用的主机名

由于已有的主机记录 web.meiteng.cn 指向了 IP 地址为 192.168.1.204 的服务器，因此需要创建别名记录 xs.meiteng.cn 与 js.meiteng.cn 并指向主机记录 web.meiteng.cn，如图 8.2.4 所示。

图 8.2.4　在 DNS 服务器上添加网站所用的主机名

2）在 Web 服务器上测试 DNS 解析结果

在 Web 服务器的命令提示符窗口中，分别使用 nslookup xs.meiteng.cn、nslookup js.meiteng.cn 命令查看解析结果，可以发现，最终解析到 IP 地址为 192.168.1.204 的服务器，即本任务中的 Web 服务器，如图 8.2.5 所示。

图 8.2.5 在 Web 服务器上测试 DNS 解析结果

3）添加主机名不同的网站

步骤 1：在 Web 服务器上分别创建两个网站的物理路径（主目录）"E:\销售部 Web"和"E:\技术部 Web"及其主页文件。

步骤 2：在"Internet Information Services（IIS）管理器"窗口中，右击"网站"选项，在弹出的快捷菜单中选择"添加网站"命令。

步骤 3：在"添加网站"对话框中，输入网站信息，本任务的"网站名称"为"销售部 Web"，"物理路径"为"E:\销售部 Web"，"IP 地址"为"192.168.1.204"，"端口"使用默认的"80"，"主机名"为"xs.meiteng.cn"，单击"确定"按钮，如图 8.2.6 所示。

步骤 4：使用同样的步骤添加技术部网站，"网站名称"为"技术部 Web"，"物理路径"为"E:\技术部 Web"，"IP 地址"为"192.168.1.204"，"端口"使用默认的"80"，"主机名"为"js.meiteng.cn"，单击"确定"按钮，如图 8.2.7 所示。

图 8.2.6 添加销售部网站

图 8.2.7 添加技术部网站

步骤 5：返回"Internet Information Services（IIS）管理器"窗口，即可查看已创建完成的网站"销售部 Web"和"技术部 Web"，如图 8.2.8 所示。

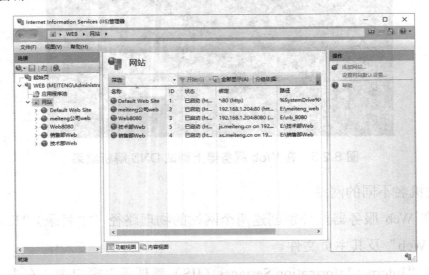

图 8.2.8　查看已创建完成的网站

4）访问主机名不同的网站

步骤 1：按照图 8.0.1 配置客户端 client 的相关 IP 地址信息。

步骤 2：在客户端 client 上，打开浏览器，输入"http://xs.meiteng.cn/"，按 Esc 键，即可以浏览销售部的网站，如图 8.2.9 所示。

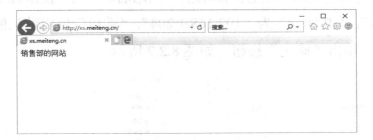

图 8.2.9　浏览销售部的网站

步骤 3：在客户端 client 上，打开浏览器，输入"http://js.meiteng.cn/"，按 Esc 键，即可浏览技术部的网站，如图 8.2.10 所示。

图 8.2.10　浏览技术部的网站

任务小结

（1）在同一台 Web 服务器上创建多个网站（Web 虚拟机）可以充分使用硬件资源。在发布多个网站时，可以使用 3 种形式，分别为不同 IP 地址、不同端口、不同主机名。

（2）在使用不同主机名识别多个网站时，需要在 Web 服务器使用的 DNS 服务器上创建相应的记录（主机记录或别名记录），并且在 Web 服务器上得到正确的 DNS 解析结果。

任务拓展

在 Windows Server 2016 中安装和配置 Web 服务器，要求能够发布动态网页文件 default.aspx（内容为%Response.Write(Now())%），使用 IE 浏览器测试网站。

▶ 练习题

一、选择题

1. 浏览器与 Web 服务器之间使用的协议是（   ）。
    A．SNMP   B．SMTP
    C．DNS   D．HTTP

2. 在 Windows Server 2016 中可以通过安装 （   ） 组件创建 Web 站点。
    A．IIS   B．IE
    C．WWW   D．DNS

3. 在 Windows Server 2016 中，与访问 Web 无关的组件是（   ）。
    A．DNS   B．TCP/IP
    C．IIS   D．WINS

4. 在 Windows 中，要创建一台具有多个域名的 Web 服务器，正确的方法是（   ）。
    A．使用虚拟目录   B．使用虚拟机
    C．安装多套 IIS   D．为 IIS 配置多个 Web 服务器端口

5. 虚拟机技术不能通过（   ）架设网站。
    A．计算机名   B．TCP 端口
    C．IP 地址   D．主机头名

6. 虚拟目录不具备的特点是（   ）。
    A．便于扩展   B．增删灵活
    C．易于配置   D．动态分配空间

7. 默认的 Web 服务器端口号是（　　）。

　　A．80　　　　　　　　　　　　　　　　B．88

　　C．21　　　　　　　　　　　　　　　　D．53

二、实训题

某公司配置了一台 Web 服务器，IP 地址为 172.16.1.100，现要在此服务器上部署 3 个网站，请完成以下要求。

1．添加 Web 服务器（IIS）服务。

2．创建 3 个网站，为网站指定相同的 IP 地址、不同的端口。

3．使用 IE 浏览器测试网站。

项目 9

配置与管理 FTP 服务器

项目描述

　　某公司是一家电子商务运营公司，随着业务的扩展和规模的扩大，采购部购置了几台服务器，现准备部署一台 FTP 服务器来满足员工的文件上传和下载需求，由小彭完成此项工作。可以在公司的 Active Directory 域环境的 meiteng.cn 域中创建用于 FTP 访问的用户账户，并在公司的一台装有 Windows Server 2016 的服务器上安装 FTP 服务器组件，按需建立 FTP 站点。

　　本项目主要介绍 Windows Server 2016 中 FTP 服务器的安装、配置与管理。项目拓扑结构如图 9.0.1 所示。

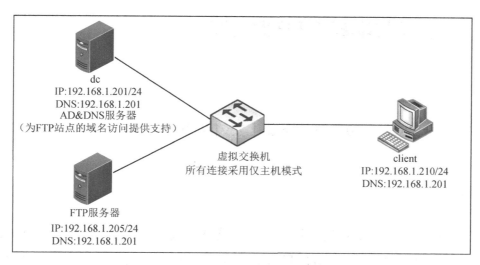

dc
IP:192.168.1.201/24
DNS:192.168.1.201
AD&DNS服务器
（为FTP站点的域名访问提供支持）

虚拟交换机
所有连接采用仅主机模式

client
IP:192.168.1.210/24
DNS:192.168.1.201

FTP服务器
IP:192.168.1.205/24
DNS:192.168.1.201

图 9.0.1　项目拓扑结构

1. 了解 FTP 服务器的应用场景。

2. 了解 FTP 服务器的基本工作原理，以及主动传输、被动传输的特点。

3. 掌握 FTP 身份验证、授权规则、用户隔离的基本概念和使用方法。

1. 能够安装 FTP 服务器。

2. 能够建立 FTP 站点并按需设置身份验证、授权规则。

3. 能够实现 FTP 用户隔离。

4. 能够使用虚拟目录技术扩展 FTP 目录结构。

5. 能够在 FTP 客户端上登录站点。

1. 逐步养成服务意识，主动了解用户的共享需求。

2. 逐步养成信息安全意识，按需灵活地调整服务器的访问规则。

任务 9.1 ▶安装与配置 FTP 服务器

任务描述

在一台 Windows Server 2016 的服务器上安装 Web 服务器组件 IIS（包含 FTP 服务器），建立 FTP 站点。

任务要求

在装有 Windows Server 2016 的服务器上安装 Web 服务器组件 IIS 时，安装 FTP 服务器，并建立一个 FTP 站点，要求匿名用户只能以只读方式访问，而指定的 FTP 用户可以读取、写入数据。FTP 站点主要设置项如表 9.1.1 所示。

表 9.1.1　FTP 站点主要设置项

设　置　项	计划设置方案
FTP 站点名称	meiteng_FTP
端口号	21
IP 地址	192.168.1.205
物理路径（站点主目录）	E:\meiteng_ftp
FTP 授权规则	匿名用户只能以读取的方式访问，而指定的 FTP 用户可以读取、写入数据

任务实施

1.　安装 FTP 服务器

在本任务中，使用计算机名为 fs.meiteng.cn 的成员服务器安装和配置 FTP 服务器。

步骤 1：使用任务 8.1 的任务实施中安装 Web 服务器的步骤 1～步骤 4。在"选择服务器角色"界面中，勾选"FTP 服务器"复选框，单击"下一步"按钮，如图 9.1.1 所示。

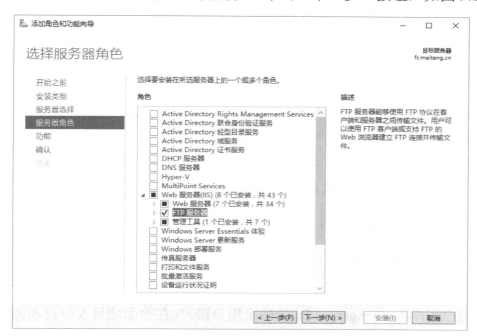

图 9.1.1　勾选"FTP 服务器"复选框

步骤 2：在"确认安装所选内容"界面中，单击"安装"按钮，进行安装，如图 9.1.2 所示。

步骤 3：安装成功后，在"安装进度"界面中，单击"关闭"按钮，如图 9.1.3 所示。

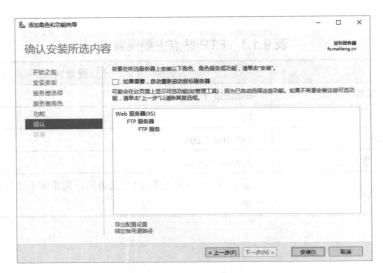

图 9.1.2　确认安装所选内容

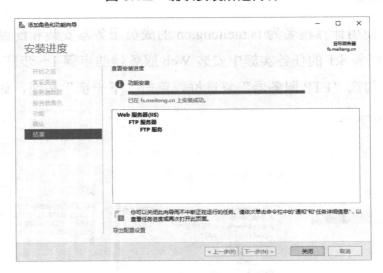

图 9.1.3　FTP 服务器安装成功

2. 建立并测试 FTP 站点

1）在域控制器上添加 FTP 用户

在 meiteng.cn 域的域控制器（服务器名为 dc）上添加两个 FTP 用户，在本任务中，小彭已创建了用户账户为 Zhangsan、Lisi 的两个用户账户（在前面项目 5 中已创建），如图 9.1.4 所示。

小贴士：

　　在添加 FTP 用户时，若勾选了"用户下次登录时须更改密码"复选框，则必须在访问 FTP 服务器前更改密码，否则在登录 FTP 服务器时会陷入死循环。因此，建议在创建 FTP 用户时，不勾选"用户下次登录时须更改密码"复选框。

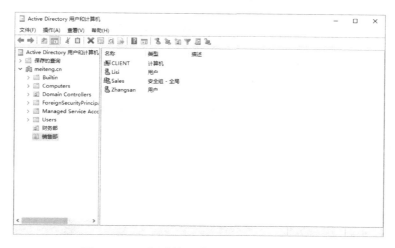

图 9.1.4　在域控制器上添加 FTP 用户

2）添加 FTP 站点

步骤 1：在 FTP 服务器上，打开"Internet Information Services（IIS）管理器"窗口，右击"网站"选项，在弹出的快捷菜单中选择"添加 FTP 站点"命令，如图 9.1.5 所示。

小贴士：

在完成本任务时，如果 FTP 服务器使用 Active Directory 方式登录，则建议同时关闭域、公用、专用这 3 种防火墙。尤其是域防火墙，其默认规则对非域内客户端的影响较大。

步骤 2：在"添加 FTP 站点"对话框的"站点信息"界面中的"FTP 站点名称"文本框中，输入"meiteng_FTP"，作为 FTP 站点名称，并设置"物理路径"为"E:\meiteng_ftp"，单击"下一步"按钮，如图 9.1.6 所示。

图 9.1.5　添加 FTP 站点

图 9.1.6　输入 FTP 站点信息

步骤 3：在"绑定和 SSL 设置"界面中，设置"IP 地址"为"192.168.1.205"，"端口"使用默认的"21"，选中"无 SSL"单选按钮，单击"下一步"按钮，如图 9.1.7 所示。

步骤 4：在"身份验证和授权信息"界面中，勾选"身份验证"选项组中的"匿名"和"基本"复选框，此处暂不进行授权规则设置，使用默认的"未选定"授权规则即可，单击"完成"按钮，如图 9.1.8 所示。

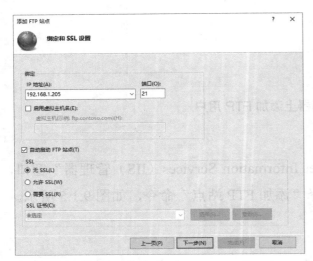

图 9.1.7　"绑定和 SSL 设置"界面

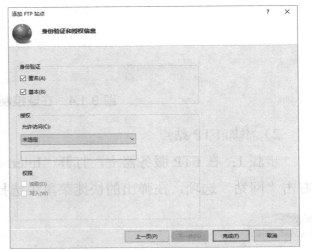

图 9.1.8　"身份验证和授权信息"界面

小贴士：

FTP 身份验证指允许访问 FTP 站点的身份类型，分为基本用户账户和匿名用户账户两种。基本用户账户包括本地用户账户和域用户账户，匿名用户账户则用于需要访问 FTP 站点，但又没有特定用户账户的情况，匿名用户账户使用 anonymous 作为用户名。

步骤 5：返回"Internet Information Services（IIS）管理器"窗口，双击上述步骤创建的 FTP 站点"meiteng_FTP"，在右侧"meiteng_FTP 主页"区域中，双击"FTP 授权规则"图标，如图 9.1.9 所示。

小贴士：

FTP 授权规则指能够访问 FTP 站点的用户账户具有的权限，可以对所有用户、匿名用户、指定组和指定用户 4 种用户账户分类设置权限。

步骤 6：在"FTP 授权规则"区域中，右击空白处，在弹出的快捷菜单中选择"添加允许规则"命令，如图 9.1.10 所示。

图 9.1.9　设置 FTP 授权规则　　　　图 9.1.10　添加 FTP 授权规则

步骤 7：在"添加允许授权规则"对话框中，选中"所有匿名用户"单选按钮，勾选
"读取"复选框，单击"确定"按钮，如图 9.1.11 所示。

步骤 8：使用相同步骤在"添加允许授权规则"对话框中，选中"指定的用户"单选
按钮，并在文本框中输入"Lisi"，分别勾选"读取"和"写入"复选框，单击"确定"按
钮，如图 9.1.12 所示。

图 9.1.11　设置匿名用户账户权限　　　图 9.1.12　设置 Lisi 授权规则为"读取"和"写入"

步骤 9：返回"Internet Information Services（IIS）管理器"窗口，可以查看已创建完
成的 FTP 授权规则，如图 9.1.13 所示。

小提示

　　若出于安全考虑，需要进一步设置用户账户访问 FTP 站点的权限，则除需要设置
FTP 授权规则外，还需要设置与站点授权规则相匹配的 NTFS 权限。

图 9.1.13　查看已创建完成的 FTP 授权规则

3）测试 FTP 站点

步骤 1：打开文件资源管理器（本任务以 Windows 10 的"此电脑"为例），输入"ftp://192.168.1.205"，若有 DNS 记录也可以使用域名形式，此时系统默认以匿名用户账户登录，窗口中显示的即为匿名用户账户所能访问的资源，如图 9.1.14 所示。

图 9.1.14　以匿名身份访问 FTP 服务器

步骤 2：测试匿名用户账户权限。

步骤 3：删除 FTP 服务器中的已有文件，如图 9.1.15 所示。

步骤 4：由于匿名用户账户不具有写入权限，因此在删除时可以看到 FTP 文件夹错误的有关提示，表示删除文件失败，如图 9.1.16 所示。

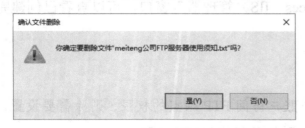

图 9.1.15　删除 FTP 服务器中的已有文件

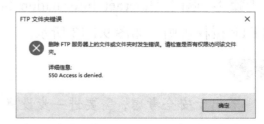

图 9.1.16　删除文件失败

步骤 5：在 FTP 服务器中新建文件夹，由于匿名用户账户不具有写入权限，因此可以看到 FTP 文件夹错误的有关提示，表示新建文件夹失败，如图 9.1.17 所示。

步骤 6：测试 Lisi 用户账户权限。

步骤 7：在 FTP 的访问窗口中，右击空白处，在弹出的快捷菜单中选择"登录"命令，如图 9.1.18 所示。

图 9.1.17　新建文件夹失败

图 9.1.18　选择"登录"命令

步骤 8：在"登录身份"对话框中，输入用户名、密码，单击"登录"按钮，如图 9.1.19 所示。

步骤 9：登录成功后，可以成功新建文件夹，如图 9.1.20 所示。

图 9.1.19　"登录身份"对话框　　　　　图 9.1.20　成功新建文件夹

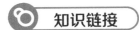 知识链接

1. FTP 基本概念

FTP（File Transfer Protocol，文件传输协议）是一种通过网络传输文件的协议，通常用于文件的下载和上传，在 Windows、Linux 等多种系统中均可以使用。FTP 服务器可以为不同类型的用户提供存储空间，用户可以根据权限访问空间内的数据。FTP 服务器主要采用 C/S 架构，使用 FTP 客户端登录服务器后，将文件传输到 FTP 服务器上被称为上传，把 FTP

服务器上的文件传输到本地计算机上被称为下载。

2. FTP 的主动传输和被动传输

FTP 通过 TCP 建立会话，使用两个端口提供服务，分别是命令端口（又被称为控制端口）和数据端口，通常命令端口是 21 号端口，数据端口则按照是否由 FTP 服务器发起数据传输分为主动传输模式和被动传输模式。

主动传输模式，又被称为 PORT 模式，如图 9.1.21 所示。FTP 客户端使用随机的 N（$N>1023$）号端口和 FTP 服务器的 21 号端口建立连接，图 9.1.21 中客户端使用 1301 号端口。在这个通道上发送 PORT 命令，包含了客户端用什么端口接收数据，客户端接收数据的端口号一般为 $N+1$，图 9.1.21 中客户端即将使用 1302 号端口接收数据。服务器使用 20 号端口向至客户端的 1302 号端口传输数据。此时具有两个连接，一个是客户端的 N 号端口和服务器的 21 号端口建立的控制连接，另一个是服务器的 20 号端口和客户端的 $N+1$ 号端口建立的数据连接。

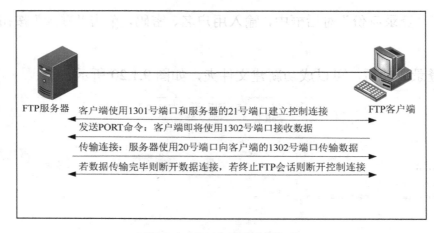

FTP服务器　客户端使用1301号端口和服务器的21号端口建立控制连接　FTP客户端
发送PORT命令：客户端即将使用1302号端口接收数据
传输连接：服务器使用20号端口向客户端的1302号端口传输数据
若数据传输完毕则断开数据连接，若终止FTP会话则断开控制连接

图 9.1.21 主动传输模式

被动传输模式，又被称为 PASV 模式，如图 9.1.22 所示。FTP 客户端利用 N（$N>1023$）号端口和 FTP 服务器的 21 号端口建立连接，图 9.1.22 中客户端使用 1301 号端口。在这个通道上发送 PASV 命令，服务器随机打开一个临时数据的 M（$1023<M<65535$）号端口，即 1400 号端口，并告知客户端，客户端使用 $N+1$ 号端口访问服务器的 M 号端口并向其传输数据，图 9.1.22 中客户端使用 1302 号端口与服务器的 1400 号端口之间传输数据。

主动传输模式和被动传输模式的判断标准为服务器是否主动传输数据。在主动传输模式下，数据连接是在服务器的 20 号端口和客户端的 $N+1$ 号端口上建立的，若客户端启用了防火墙则会造成服务器无法发起连接。被动传输模式只需要服务器打开一个临时端口用于数据传输，由客户端发起 FTP 数据传输，客户端在启用防火墙的情况下依然可以使用 FTP 服务器。

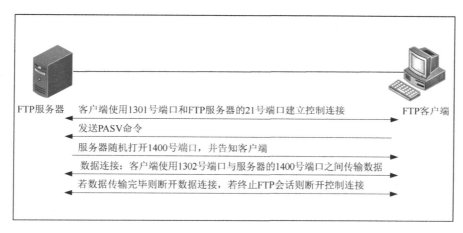

图 9.1.22　FTP 被动传输模式

3. FTP 登录方式

许多 FTP 客户端都支持使用命令格式登录，可以使用 ftp://username:password@hostname:port 命令格式登录 FTP 服务器，这个命令中包含了用户名、密码、服务器 IP 或域名、端口。登录后，可以使用客户端的命令集完成目录切换、文件上传或下载等操作。

FTP 的用户名的指定方式分为匿名和用户两种。匿名方式指无论用户是否拥有该 FTP 服务器的账户都可以使用用户名 anonymous 进行登录，以 E-mail 地址作为密码（非强制），适用于不需要指定用户名的下载应用情境。用户方式又被称为基本方式、本地用户方式，指在登录 FTP 服务器时，必须使用在 FTP 服务器上创建的用户账户登录，适用于需要用户账户验证的情境。

文件资源管理器（此电脑、计算机、我的电脑等）可以作为 FTP 客户端使用，也可以使用 FileZilla、CuteFTP、FlashFXP 等支持断点传输功能的第三方 FTP 客户端软件。

4. 必要条件

若 FTP 服务器能够正常使用，则必须具备以下条件。

（1）有固定的 IP 地址。

（2）安装并启动 IIS（包含 FTP 服务）。

（3）存在允许使用 FTP 访问服务器的用户账户。

（4）至少存在一个已发布的 FTP 站点。

（5）关闭防火墙或设置防火墙的入站规则，允许客户端访问 FTP 的相关端口。

任务小结

在 Windows Server 中，实现 FTP 服务器功能的组件是 IIS，FTP 服务器并不是 IIS 中默认安装选项中的服务器角色，需要手动添加。在安装完成后，可以根据任务需求添加 FTP 站点，关键设置项为站点名称、内容目录（物理路径）、IP 地址及监听的端口。此外，要根据需要决定是否在身份验证中允许匿名、基本用户访问，并通过设置授权规则实现权限控制。

任务拓展

（1）了解 FileZilla、FlashFXP 等第三方 FTP 客户端软件的功能与特点。

（2）下载第三方 FTP 客户端软件，并尝试登录 FTP 站点。

（3）了解 Windows 的命令提示符窗口中 ftp 命令的使用方法，并使用该命令访问 FTP 站点。

任务 9.2 ▶ 实现 FTP 用户隔离

任务描述

小彭已在公司服务器上部署了 FTP 服务器，越来越多的员工开始使用 FTP 服务器分享文件，但员工在使用过程中又有了新的需求，销售部需要具有一个额外的 FTP 站点用于存储数据，且希望每个员工都有单独的文件夹，不能随意互访。

任务要求

在装有 Windows Server 2016 的服务器上，要想 FTP 用户拥有单独的文件夹就需要在建立 FTP 站点时完成两个方面的设置。一是为每个 FTP 用户建立文件夹，二是选择适当的 FTP 用户隔离方式实现隔离。在本任务中，使用匿名用户账户只能访问公用文件夹且只具有读取权限，而使用普通用户账户则可以在自身的主目录内读取、写入数据。

任务实施

1. 建立满足隔离需求的 FTP 目录结构

步骤 1：建立用户 FTP 站点的文件夹 "E:\销售部员工 FTP"，并在其下分别建立文件夹 LocalUser 和 MEITENG。其中，文件夹 LocalUser 用于存放本地用户、匿名用户账户目录，文件夹 MEITENG 用于存放域用户账户的数据，如图 9.2.1 所示。

步骤 2：由于本任务中的 FTP 服务器部署在 Active Directory 域环境中，因此无须在 FTP 服务器上创建本地用户账户，只需在文件夹 LocalUser 下建立用于存放匿名用户文件的文件夹 public 即可，如图 9.2.2 所示。

图 9.2.1　建立 FTP 主目录结构

图 9.2.2　文件夹 LocalUser 下的目录结构

步骤 3：在文件夹 MEITENG 下建立与域内 FTP 用户同名的文件夹 Lisi 和 Zhangsan，如图 9.2.3 所示。

图 9.2.3　文件夹 MEITENG 下的目录结构

小贴士：

　　由于后续步骤需要设置 FTP 用户隔离，无论是使用"用户名目录（禁用全局虚拟目录）"选项还是使用"用户名物理目录（启用全局虚拟目录）"选项，都需要按照 IIS 的指定格式创建 FTP 主目录结构。在本任务中，先建立文件夹"D:\销售部员工 FTP"作为后续设置的站点主目录，然后在其下创建的文件夹 LocalUser 下建立用于存放匿名用户文件的文件夹 public，以及与本地 FTP 用户同名的用户名目录，如 Zhangsan 的主目录的完整路径为"D:\销售部员工 FTP\LocalUser\Zhangsan"。若需要建立支持 FTP 访问的域用户账户，则需要先在 FTP 主目录下建立以 NetBIOS 域名命名的文件夹，再建立与域用户同名的用户名目录。

2. 建立 FTP 站点并设置 FTP 用户隔离

　　步骤 1：添加 FTP 站点，在"站点信息"界面中，设置"FTP 站点名称"为"销售部员工 FTP"，"物理路径"为"E:\销售部员工 FTP"，单击"下一步"按钮，如图 9.2.4 所示。

　　步骤 2：在"绑定和 SSL 设置"界面中，输入绑定 FTP 服务器的 IP 地址"192.168.1.205"，由于任务 9.1 中的 FTP 站点已经占用了 2 号端口，因此此处使用 2121 号端口，选中"无 SSL"单选按钮，单击"下一步"按钮，如图 9.2.5 所示。

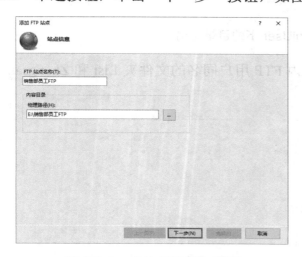
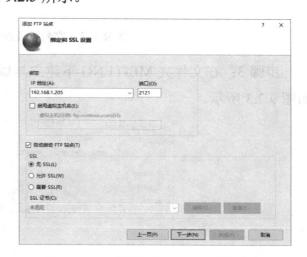

图 9.2.4　"站点信息"界面　　　　　图 9.2.5　"绑定和 SSL 设置"界面

　　步骤 3：在"身份验证和授权信息"界面中，勾选"匿名"和"基本"复选框，使用默认的"未选定"授权规则即可，单击"完成"按钮，如图 9.2.6 所示。

　　步骤 4：双击"销售部 FTP"选项，添加 FTP 授权规则，允许匿名用户账户读取，允许 Lisi 和 Zhangsan 读取、写入，设置结果如图 9.2.7 所示。

图 9.2.6 "身份验证和授权信息"界面　　　图 9.2.7 FTP 授权规则设置结果

步骤 5：在"销售部员工 FTP 主页"区域中，双击"FTP 用户隔离"图标，如图 9.2.8 所示。

图 9.2.8 设置 FTP 用户隔离

小贴士：

在 Windows Server 2016 中，IIS 提供的 FTP 用户隔离方式有 3 种。其中，用户名目录（禁用全局虚拟目录），指 FTP 用户登录后只能访问自己的主目录，用户之间不能互访；用户名物理目录（启用全局虚拟目录），指 FTP 用户登录后除了能访问自己的主目录中的数据，还可以访问独立于用户账户主目录的虚拟目录；在 Active Directory 中配置的 FTP 主目录，指通过读取 Active Directory 中用户账户的 msIIS-FTPRoot 和 msIIS-FTPDir 属性值确定 FTP 主目录的位置，不同用户账户的主目录可以位于不同服务器、分区和文件夹下。此功能需要在域控制器上通过运行 adsiedit.msc 命令，在打开的"ADSI 编辑器"窗口中进行设置。

步骤 6：在"FTP 用户隔离"区域中，选中"用户名物理目录（启用全局虚拟目录）"，单击右侧的"应用"选项，如图 9.2.9 所示。

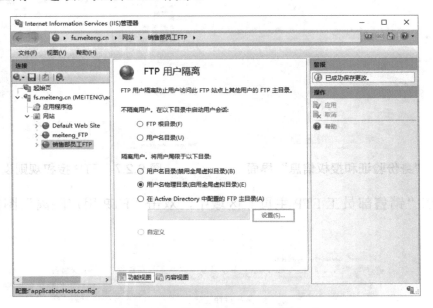

图 9.2.9 选择 FTP 用户隔离方式

3. 测试 FTP 用户隔离效果

步骤 1：打开文件资源管理器，输入"ftp://192.168.1.205:2121/"，按 Esc 键，访问 FTP 站点"销售部 FTP"。此时可以看到，默认以匿名用户账户登录后显示的是 FTP 站点物理路径下的文件夹"public"（E:\销售部员工 FTP\LocalUser\public），如图 9.2.10 所示。由于匿名用户账户只具有读取权限，因此创建文件夹失败，如图 9.2.11 所示。

步骤 2：使用 Zhangsan 输入用户名、密码，登录 FTP 站点，如图 9.2.12 所示。此时可以看到，位于 FTP 服务器中同名文件夹内的内容（E:\销售部员工 FTP\MEITENG\Zhangsan）。由于此前设置了 Zhangsan 拥有读取、写入权限，因此能够成功创建文件夹，如图 9.2.13 所示。

图 9.2.10 访问 FTP 站点

图 9.2.11 使用匿名用户账户登录测试写入权限

图 9.2.12 使用 Zhangsan
登录 FTP 站点

图 9.2.13 测试 Zhangsan 访问
FTP 站点的权限

步骤 3：使用 Lisi 登录 FTP 站点，如图 9.2.14 所示。此时可以看到，位于 FTP 服务器中同名文件夹内的内容（E:\销售部员工 FTP\MEITENG\Lisi）与 Zhangsan 的主目录是隔离的。由于此前设置了 Lisi 拥有读取、写入权限，因此能够成功创建文件夹，如图 9.2.15 所示。

图 9.2.14 使用 Lisi
登录 FTP 站点

图 9.2.15 测试 Lisi 访问 FTP 站点的权限

知识链接

当用户连接 FTP 站点时，不管他们是使用匿名账户登录还是使用普通账户登录，都将默认被定向到 FTP 主目录，不过可以使用 FTP 用户隔离功能让用户账户拥有专用主目录，此时用户登录 FTP 站点后，会被定向到专用主目录上，而且由于用户账户可以被限制在专用主目录内，也就是无法切换到其他用户账户的主目录上，因此无法查看或修改其他用户账户主目录内的文件。"FTP 用户隔离"选项设置分为以下两种形式。

1. 不隔离用户

在以下目录中启动用户会话不会隔离用户。

（1）FTP 根目录：所有用户账户都会被定向到 FTP 主目录（默认值）上。

（2）用户名目录：用户账户拥有自己的主目录，不过并不隔离其他用户账户。也就是说，只要拥有适当的权限，便可以切换到其他用户账户的主目录，并查看、修改其中的文件。

它采用的方法是在 FTP 主目录内建立目录名称与用户名相同的物理或虚拟目录，用户连接到 FTP 站点后，便会被定向到目录名称（物理目录的文件夹名称或虚拟目录的别名）与用户名相同的目录。

2. 隔离用户

将用户账户局限于以下目录会隔离用户。用户账户拥有专用主目录，而且会被限制在专用主目录内，无法查看或修改其他用户账户主目录内的文件。

（1）用户名目录（禁用全局虚拟目录）：在 FTP 站点内建立目录名称与用户名相同的物理或虚拟目录，用户连接到 FTP 站点后，便会被定向到目录名称（或别名）与用户名相同的目录。用户无法访问 FTP 站点内的全局虚拟目录。

（2）用户名物理目录（启用全局虚拟目录）：在 FTP 站点内建立目录名称与用户名相同的物理目录，用户连接到 FTP 站点后，便会被定向到目录名称与用户名相同的目录。用户可以访问 FTP 站点内的全局虚拟目录。

（3）在 Active Directory 中配置的 FTP 主目录：用户必须使用域用户账户连接 FTP 站点，需要在域用户账户内指定专用主目录。

任务小结

（1）采用用户隔离方式的 FTP 服务器在企业中应用较为频繁，使用这种方式可以将用户账户限制在专用主目录内，用户隔离方式适用于需要对用户访问空间单独管理的应用情境。

（2）在 IIS 中建立的 FTP 站点，默认不进行用户隔离操作，若需要进行用户隔离操作，则需要提前建立好对应的用户账户及主目录。

（1）了解第三方 FTP 服务器组件 Serv-U 的功能与特点。

（2）下载支持 Windows 平台的 Serv-U，并使用 Serv-U 配置一台与本任务功能相似的 FTP 站点。

任务 9.3 配置与使用 FTP 全局虚拟目录

任务描述

小彭已在公司服务器上为销售部建立了 FTP 站点，并使用用户隔离方式实现了不同用户账户的 FTP 主目录独立管理。在使用过程中，销售部员工之间经常需要共享一些客户的电话回访记录，需要在现有销售部 FTP 站点下建立一个能够让多个用户账户共同访问的目录。

任务要求

在使用 Windows Server 2016 建立 FTP 站点时，可以使用虚拟目录技术扩展 FTP 目录结构，实现对 FTP 服务器中多个物理路径的访问。在 IIS 中，可以在 FTP 主目录及其下的目录内添加虚拟目录，这些虚拟目录将继承上一级 FTP 目录的身份验证、授权规则等设置，也可以按需修改这些设置。

在本任务中，需要在销售部的 FTP 站点中建立一个别名为 share 的全局虚拟目录，用于存放公共文件，其物理路径为"E:\销售部公用"，身份验证、授权规则等设置只需与 FTP 站点的现有设置一致即可满足任务需求。

任务实施

步骤 1：在"Internet Information Services（IIS）管理器"窗口中，右击"销售部员工 FTP"选项，在弹出的快捷菜单中选择"添加虚拟目录"命令，如图 9.3.1 所示。

步骤 2：在弹出的"添加虚拟目录"对话框中，输入别名"share"，设置"物理路径"为"E:\销售部公用"，单击"确定"按钮，如图 9.3.2 所示。

步骤 3：返回"Internet Information Services（IIS）管理器"窗口，双击"share"选项，在"share 主页"区域中双击"FTP 授权规则"选项，由于全局虚拟目录存放了客户回访信息，不允许使用匿名用户账户访问，因此需要在"FTP 授权规则"区域中删除匿名用户账户的允许规则，设置结果如图 9.3.3 所示。

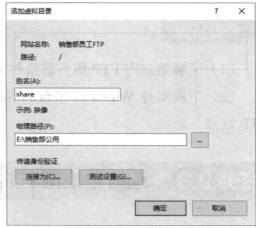

图 9.3.1　添加 FTP 虚拟目录　　　　　图 9.3.2　设置虚拟目录别名和物理路径

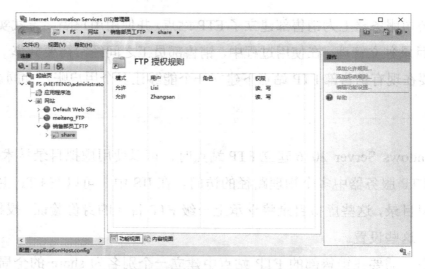

图 9.3.3　全局虚拟目录 share 的 FTP 授权规则

步骤 4：测试 FTP 全局虚拟目录。打开文件资源管理器，输入"ftp://192.168.1.205:2121/share/"，分别使用上述任务中的 Zhangsan、Lisi 用户账户登录 FTP 站点，经测试能够读取和写入数据，即能作为销售部存储公共数据使用，如图 9.3.4 所示。

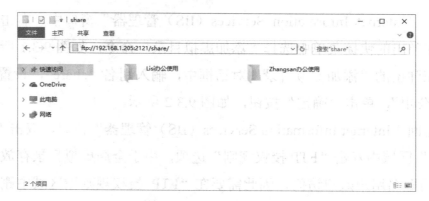

图 9.3.4　测试 FTP 全局虚拟目录

任务小结

（1）在 IIS 的 FTP 站点的设置中，支持通过建立虚拟目录扩展站点的目录结构，实现更灵活的资源共享。

（2）在创建虚拟目录时，必须注意所创建虚拟目录的位置。每个虚拟目录都有一个别名，用户通过别名访问这个文件夹内的文件。

任务拓展

设置 Active Directory 隔离用户 FTP 服务器，使 Wangwu 和 Zhaoliu 仅允许访问自己的目录而无法访问他人的目录。

► 练习题

一、选择题

1. FTP 是一个（　　　）系统。

    A．客户端/浏览器 　　　　　　　B．单客户端

    C．客户端/服务器 　　　　　　　D．单服务器

2. 装有 Windows Server 2016 的服务器管理器通过安装（　　　）角色提供 FTP 服务。

    A．Active Directory 域服务 　　　B．DHCP 服务器

    C．IIS 信息管理 　　　　　　　　D．DNS 服务器

3. FTP 服务使用的端口号是（　　　）。

    A．21 　　　　　　　　　　　　　B．23

    C．25 　　　　　　　　　　　　　D．53

4. 在 Windows Server 2016 中 FTP 服务器的默认主目录是（　　　）。

    A．C:\ 　　　　　　　　　　　　B．\inetpub\wwwroot

    C．C:\inetpub\ftproot 　　　　　　D．C:\wwwroot

5. 关于匿名 FTP 服务，下列说法正确的是（　　　）。

    A．登录用户名是 Guest

    B．登录用户名是 anonymous

    C．用户账户完全具有对整台服务器访问和文件操作的权限

    D．匿名用户不需要登录

二、实训题

某公司需要在局域网内配置一台 FTP 服务器，供内部员工下载和上传文件，请完成以下要求。

1. 安装 FTP 服务器。
2. 建立 FTP 站点。
3. 设置 FTP 站点访问权限：不允许匿名用户登录，其他用户可以上传和下载文件。
4. 使用命令行或 IE 浏览器访问 FTP 站点。

项目 10

综合实训

本项目重点针对 Windows Server 2016 的综合应用进行讲述，学生通过学习可以掌握设计、配置、排除服务器系统故障的方法，熟悉服务器操作系统的配置，掌握其在实际中的综合应用。

知识目标

1. 理解域控制器的功能和应用场景。

2. 理解 DNS、DHCP、Web 和 FTP 等综合服务的应用方法。

3. 理解 DNS、DHCP、Web 和 FTP 等综合服务的优点和应用场景。

能力目标

1. 能够正确安装和创建域控制器。

2. 能够正确安装和配置 DNS、DHCP、Web 和 FTP 等服务器。

3. 能够正确排除在配置过程中遇到的故障。

思政目标

1. 增强服务意识，主动关注用户需求，能够为用户便捷使用网络提供支持，提高网络服务的可靠性。

2. 树立节约意识，合理分配 IP 地址，充分利用现有服务器等网络资源。

3. 增强信息系统安全意识，设置系统权限，以授权合法用户访问数据。

项目描述

　　某公司是一家集计算机软/硬件产品、技术服务和网络工程于一体的信息技术企业，随着业务的拓展和规模的扩大，该公司购置了几台服务器，作为域控制器、DNS 服务器、DHCP 服务器、Web 服务器和 FTP 服务器。考虑到服务器的硬件条件和能提供的网络服务，新购入的服务器已经安装了 Windows Server 2016，现需要完成对服务器的配置，以实现为公司员工提供日常办公的需求。项目拓扑结构如图 10.0.1 所示。

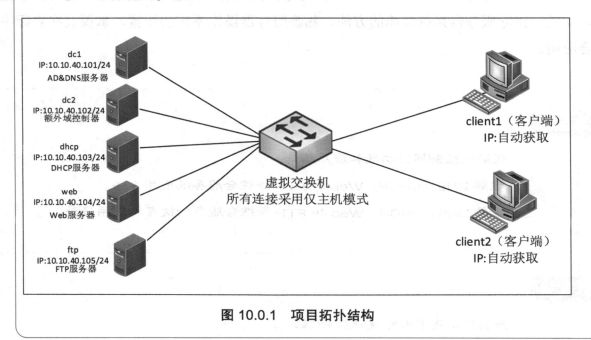

图 10.0.1　项目拓扑结构

项目需求

　　为了实现高效管理，现该公司需要在服务器上安装 Windows Server 2016，采用域控制器集中管理方式，以提升企业网络的安全性，整合局域网内基于网络的资源。通过安装 DNS、DHCP、Web 和 FTP 等服务器，并实现相应服务器的配置与管理，为公司用户提供服务。具体的服务器角色分配如表 10.1.1 所示。

表 10.1.1 服务器角色分配

主 机 名	IP 地址/子网掩码	角 色	功 能
dc1	10.10.40.101/24	AD&DNS 服务器	为了实现公司内部网络的高效集中管理,采用域控制器整合局域网内基于网络的资源 提供域名解析服务,特别是 FTP、Web 服务器等要能够通过域名直接访问
dc2	10.10.40.102/24	额外域控制器	为了提高用户的登录效率,提供容错功能。即使其中一台域控制器出现故障,也可以由其他域控制器提供服务,让用户正常登录,并为用户提供身份认证
dhcp	10.10.40.103/24	DHCP 服务器	为了提高 IP 地址的使用率,减少 IT 技术人员的工作量,公司内部采用 DHCP 服务器,实现 IP 地址及其他网络参数的动态分配
web	10.10.40.104/24	Web 服务器	为了客户获取公司产品信息和企业宣传的需要,公司内部采用 IIS 搭建 Web 服务器
ftp	10.10.40.105/24	FTP 服务器	为了公司内部网络实现文件资源更安全、快捷的存储和传输需要
client1	动态获取	客户端	用于测试
client2			

其具体要求如下。

1. 域控制器及 DNS 服务器的配置

(1)配置服务器 dc1 域服务和 DNS 服务,DNS 正向区域和反向区域在 Active Directory 中存储,为 meiteng.cn 域中主机提供正向解析和反向解析。

(2)将网络中所有其他 Windows 主机加入 meiteng.cn 域。

(3)在 dc1 上添加 3 块磁盘,大小均为 60G,对 3 块磁盘进行初始化,分区格式为 GPT,将 3 块磁盘转化为动态磁盘,并建立 RAID-5 卷,驱动器号为 D:。

(4)在 dc1 上新建名称分别为 Managers、Sales 的两个组织单元;在每个组织单元内新建与组织单元同名的全局安全组;在每个组内新建 10 个用户账户,即行政部 Managers101~Managers110、销售部 Sales101~Sales110,所有用户只能在每天 9:00~18:00 登录,不能修改口令,密码永不过期。

(5)每个用户的"文档"文件夹重定向到域控制器服务器的 C:\Document 目录下,为每个用户创建一个文件夹。

(6)新建 D:\Share 共享文件夹,共享名为 Share,管理员组有完全访问权限,其他用户账户有只读权限;在 Active Directory 域服务中发布该共享文件夹。

（7）配置域中行政部的所有员工必须启用密码复杂度要求，密码长度最小为 10 位，密码最长存留 34 天，允许失败登录尝试的次数为 4 次，重置失败登录尝试计数（分钟）为 5 分钟，直至管理员手动解锁账户。

（8）配置相关策略，实现所有销售部的计算机开机后自动弹出"温馨提示"的对话框，显示的内容为"请注意销售数据的安全！"。

2. 额外域控制器的配置

将服务器 dc2 升级成 meiteng.cn 域的辅助域控制器。

3. DHCP 服务器的配置

（1）配置 dc2 和 dhcp 为 DHCP 服务器，DHCP IPv4 的作用域名称为 meiteng，地址范围为 10.10.40.201～10.10.40.249，租约期限为 5 小时，网关为 10.10.40.254，DNS 为 10.10.40.101 和 10.10.40.102，DNS 域名为 meiteng.cn。

（2）两台 DHCP 服务器实现故障转移，故障转移关系名称为 meiteng，最长客户端提前期为 4 小时，模式为负载平衡，负载平衡比例各为 50%，状态切换为间隔 60 分钟。

4. Web 服务器的配置

（1）在 Web 服务器上新建网站，站点名称为 meiteng_web，网站目录为 D:\mtweb，主页文档 index.aspx 的内容为<%Response.Write(Request.ServerVariables("remote_addr"))%>
。

（2）启用 Windows 身份验证，只有通过身份验证的用户才能够访问到该站点。

（3）在 Web 服务器的 meiteng_web 网站上，创建虚拟目录 mtweb，用于发布公司通知。

5. FTP 服务器的配置

（1）把服务器 ftp 配置为 FTP 服务器，站点名称为 meiteng_ftp，绑定本机 IP 地址，根目录为 D:\meiteng\mtftp。

（2）FTP 站点通过 Active Directory 隔离用户，限制各个用户目录相互隔离，每个用户允许使用的 FTP 空间大小为 500MB，使用 manager1 和 manager2 测试。

（3）设置 FTP 最大客户端连接数为 100，无任何操作的超时时间为 5 分钟，数据连接的超时时间为 1 分钟。

► 项目验收

（1）在 dc1 的 cmd 下使用 systeminfo 命令，查看是否为域控制器。

（2）在所有计算机上的"运行"对话框中，输入并运行 sysdm.cpl 命令，查看是否为域成员。

（3）在 dc1 上，打开"PowerShell"对话框，运行 dnscmd /enumzones 命令，查看是否包括 DNS 区域。

（4）在 dc1 上，打开"PowerShell"对话框，运行 Get-DnsServerResourceRecord meiteng.cn 命令，查看是否包含所有 A 记录。

（5）在 dc1 上，查看 3 块磁盘是否为 GPT 分区，是否成功建立了 RAID-5 卷。

（6）在 dc1 上，查看两个组织单位是否已正确建立，组内用户账户建立和登录时间是否正确。

（7）查看每个用户的"文档"文件夹重定向是否正确。

（8）查看新建文件夹共享名和权限是否正确，是否在 Active Directory 域服务中发布。

（9）在 dc1 上，打开"PowerShell"对话框，运行 Get-ADfineGrainedPasswordpolicy "创建时的名称"命令，测试用户账户密码策略是否配置正确。

（10）在 dc2 的 cmd 下使用 systeminfo 命令，查看是否为额外域控制器。

（11）在 client1 上，测试销售部计算机开机后是否有"温馨提示"的对话框。

（12）在 client1 和 client2 上，测试能否正确获取 DHCP 服务器的 IP 地址。

（13）在 client1 和 client2 上，测试 DHCP 服务器的故障转移是否采用了负载平衡模式。

（14）在 client1 上，打开浏览器，输入"http://www.meiteng.cn"，按 Esc 键，测试网页内容中能否正确显示服务器的 IP 地址。

（15）在 client1 上，打开浏览器，输入"http://www.meiteng.cn/mwb"，按 Esc 键，测试虚拟目录。

（16）在 client1 上，测试 manager1 和 manager2 用户目录是否项目隔离，目录大小是否为 500MB。

▶ 项目小结

（1）在 Windows Server 中，采用域控制器集中管理方式，可以提升企业网络安全程度和员工工作效率。

（2）在 Windows Server 中，通过对服务器的综合应用，可以使用户更深入地了解网络操作系统的优点和使用方法。

附 录 A

练习题答案

项目 1

一、1. C   2. A   3. B   4. B   5. A   6. C

    7. A   8. C   9. B   10. A   11. D

二、略

项目 2

一、1. A   2. B   3. C   4. B   5. B   6. C

二、略

项目 3

一、1. D   2. C   3. C   4. B   5. D   6. D

    7. C   8. C

二、略

项目 4

一、1. A   2. C   3. C   4. B   5. D   6. A

    7. B   8. D

二、略

项目 5

一、1. A   2. B   3. B   4. C   5. B   6. D

二、略

项目 6

一、1. C   2. D   3. B   4. A   5. C   6. B
7. C   8. B

二、略

项目 7

一、1. C   2. C   3. B   4. D   5. C   6. B
7. D   8. A   9. A   10. A   11. D

二、略

项目 8

一、1. D   2. A   3. D   4. B   5. A   6. C   7. A

二、略

项目 9

一、1. C   2. C   3. A   4. C   5. B

二、略

参考文献

［1］褚建立，路俊维. Windows Server 2012 网络管理项目实训教程［M］. 2 版. 北京：电子工业出版社出版，2017.

［2］戴有炜. Windows Server 2016 Active Directory 配置指南［M］. 北京：清华大学出版社出版，2018.

［3］戴有炜. Windows Server 2016 系统配置指南［M］. 北京：清华大学出版社出版，2018.

［4］戴有炜. Windows Server 2016 网络管理与架站［M］. 北京：清华大学出版社出版，2018.

［5］柴方艳. 服务器配置与应用（Windows Server 2016）［M］. 北京：电子工业出版社出版，2020.

［6］王浩，鲁菲. 网络操作系统［M］. 2 版. 北京：高等教育出版社出版，2021.

［7］王伟. 网络操作系统 Windows Server 2016 系统管理［M］. 北京：电子工业出版社出版，2021.

［8］杨云，徐培镟. Windows Server 网络操作系统项目教程［M］. 北京：人民邮电出版社出版，2021.